# ずっと使える
# iPhone 16e

アイフォーン

法林岳之・石川 温・白根雅彦 & できるシリーズ編集部

インプレス

## ご購入・ご利用の前に必ずお読みください

本書の内容は、2025年4月現在の情報をもとに「iPhone 16e」の操作方法について解説しています。本書の発行後にiPhoneやアプリの機能、操作方法、画面およびサービスの仕様などが変更された場合、本書の掲載内容通りに操作できなくなる可能性があります。
本書発行後の情報については、弊社のWebページ（https://book.impress.co.jp）などで可能な限りお知らせいたしますが、すべての情報の即時掲載ならびに、確実な解決をお約束することはできかねます。
本書の運用により生じる、直接的、または間接的な損害について、著者ならびに弊社では一切の責任を負いかねます。あらかじめご理解、ご了承ください。
本書で紹介している内容のご質問につきましては、巻末をご参照のうえ、メールまたは封書にてお問い合わせください。ただし、本書の発行後に発生した利用手順やサービスの変更に関しては、お答えしかねる場合があります。また、本書の奥付に記載されている初版発行日から1年が経過した場合、もしくは解説する製品やサービスの提供会社がサポートを終了した場合にも、ご質問にお答えしかねる場合があります。あらかじめご了承ください。

### 本書の前提

本書の各レッスンは、主にiOS 18.4が搭載されたiPhone 16eおよびiPhone 15で手順を再現しています。また、一部の画面はハメコミ画像で再現しています。
本文中の価格は、特に記載がある場合を除き、税込表記を基本としています。
「できる」「できるシリーズ」は、株式会社インプレスの登録商標です。
「QRコード」は株式会社デンソーウェーブの登録商標です。また、本書に記載されている会社名、製品名、サービス名は、一般に各開発メーカーおよびサービス提供元の登録商標または商標です。なお、本文中には™および®マークは明記していません。

## 購入者特典！　無料電子版のご案内

本書を購入いただいた皆さまに、電子版を購入特典として提供します。ダウンロードにはCLUB Impressの会員登録が必要です（無料）。ダウンロードしたPDFはiPhone上で見られるので便利です。

▼商品情報ページ
https://book.impress.co.jp/books/1124101154/

❶上記のURLまたはQRコードから商品ページを表示

❷画面を上にスクロールし、[特典を利用する]をタップ

❸会員IDを入力

❹会員パスワードを入力

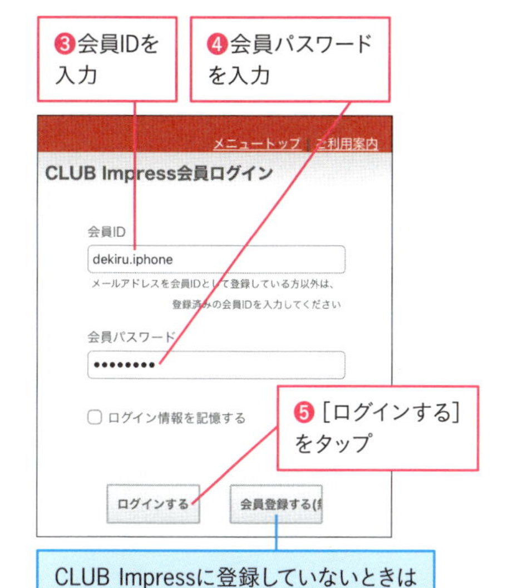


❺[ログインする]をタップ

CLUB Impressに登録していないときは[会員登録する]をタップして登録する

特典をダウンロードするためのクイズが表示された

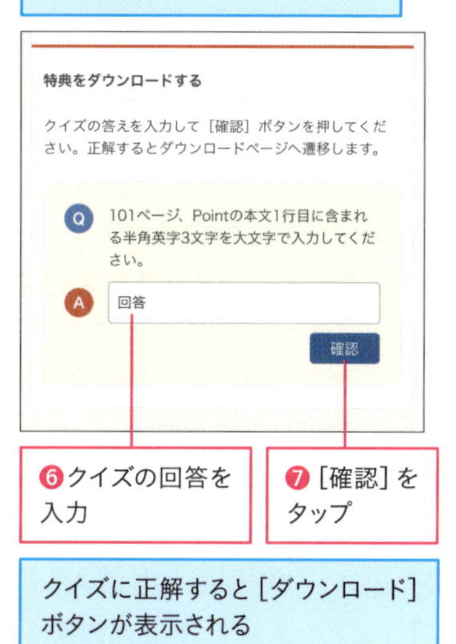


❻クイズの回答を入力

❼[確認]をタップ

クイズに正解すると[ダウンロード]ボタンが表示される

❽[ダウンロード]をタップ

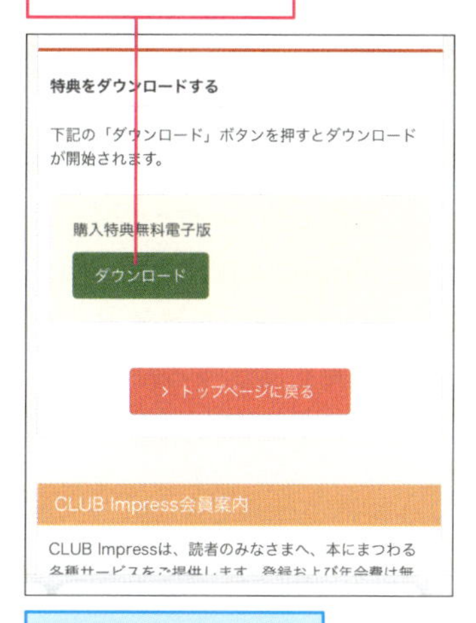


**ワザ054**を参考にして、PDFを保存する

# 目次

## 第2章 iPhoneに欠かせない！ 超基本の設定ワザ



## 第3章 知っておきたい！ iPhone 16eの最新ワザ



## 第4章 電話＆メールで役立つ便利ワザ

## 第5章 インターネットを自在に使う快適ワザ



## 第6章 アプリをもっと使いこなす便利ワザ

## 第7章 写真と動画が楽しくなる快適ワザ



## 第8章 快適に使えるようになる設定ワザ

## 第9章 疑問やトラブルに効く解決ワザ

# 第1章

# iPhone 16eが
# すぐ使える基本ワザ

# 001 各部の名称と役割を知ろう

## iPhoneとは

iPhoneは前面の大半をディスプレイが覆い、側面にボタン、前面の上や背面にカメラを備えたデザインを採用しています。iPhone 16eにはiPhone SE（第3世代）などに備えられていたホームボタンがありません。iPhone 16eの各部の名称と役割を確認しましょう。



### iPhone 16eの前面と下面の各部の名称

**❶前面側カメラ**
「Face ID」や「FaceTime」、自分撮りなどで利用する

**❷レシーバー／前面側マイク／スピーカー**
通話時に相手の声が聞こえる。
iPhoneを横向きに持ったときはステレオスピーカーになる

**❸底面のマイク**
通話や音声メッセージを記録するときに利用する

**❹USB-Cコネクタ**
同梱のUSB-C充電ケーブルを接続して、充電器やパソコンと同期するときに使う

**❺スピーカー**
着信音や効果音などが鳴る。スピーカーフォンのときには相手の声が聞こえる

**iPhoneを充電しよう**

iPhoneは内蔵バッテリーで動作します。市販の充電器を本体下部のUSB-Cコネクタに接続して、充電します。Qi（チー）規格のワイヤレス充電にも対応していますが、ケーブル接続時に比べ、充電に時間がかかります。充電状態は画面右上のバッテリーのアイコンで確認できます。

## iPhone 16eの右側面／背面／左側面の各部名称

### ❶サイドボタン（電源ボタン）

短く押すと、スリープによるロックと解除ができる。長押しで電源のオン、音量ボタンとの同時長押しで電源のオフができる

### ❷背面側カメラ

写真やビデオの撮影で利用する

### ❸背面側マイク

背面カメラでビデオを撮影するとき、被写体側の音を記録します。音声通話などでは周囲の音を探知し、通話をクリアにします

### ❹フラッシュ

写真やビデオを撮影するときに光らせて、被写体や対象を明るくする

### ❺アクションボタン

押すことで、割り当てられた機能を実行できる。消音モードへの切り替えをはじめ、［カメラ］やフラッシュライト、ボイスメモの起動などを割り当てられる

### ❻音量ボタン

音量の大小を調整できる。［カメラ］の起動時に押すと、シャッターを切れる

### ❼SIMトレイ

SIMカードを装着するトレイ。ピンを挿すと、取り出すことができる

# 002 iPhoneの画面を表示するには

## スリープの解除・電源のオフ

スリープ状態で画面が消灯中のiPhoneは、サイドボタンを押したり、本体を持ち上げたり、画面をタップするなどの操作でロック画面が表示されます。ロック画面の下端から上にスワイプすると、ホーム画面が表示されます。



### スリープの解除

❶本体を持ち上げる

サイドボタンを押すか、画面をタップしてもいい

ロック画面が表示された

❷画面の下端から上にスワイプ

操作画面が表示される

サイドボタンを押すと、スリープの状態に切り替わる

**Point iPhoneが懐中電灯になる**

ロック画面の左下の懐中電灯アイコン（🔦）をロングタッチすると、背面のライトが点灯し、懐中電灯のように使えます。消灯するには、再び、同じアイコンをロングタッチします。

**Point スリープって何？**

スリープはiPhoneを待機状態にすることです。電源を切ると、電話やメールが着信しなくなりますが、スリープ状態なら、電話やメールは着信できます。

## 電源のオフ

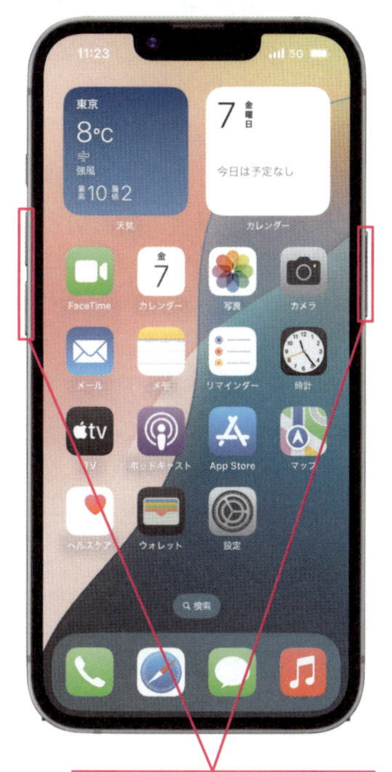


❶サイドボタンといずれかの音量ボタンを1秒程度押す

❷［スライドで電源オフ］のスイッチを右にスワイプ

［キャンセル］をタップすると、元の画面に戻る

電源を再びオンにするには、サイドボタンを2～3秒押す

### 電源をオフにしなくても着信音を消せる

劇場など、音を鳴らしたくない場所では、消音モード（ワザ038）や集中モード（ワザ088）を切り替えましょう。航空機の離着陸時など、無線通信が禁止されているときは、コントロールセンター（ワザ009）の「機内モード」をオンにすると、一時的に無線通信機能をオフにできます。その場を離れたとき、忘れずに元のモードに戻しましょう。

### 電子機器が禁止されている場面では電源をオフに

消音モードや機内モードを使えば、音や電波を発さない状態にできますが、それでもiPhoneの電源がオンのままだと、微弱な電波を発しています。医療機関などで電子機器の電源をオフにする必要がある場面では、その場の指示に従い、iPhoneの電源をオフにしましょう。また、その場を離れたときに、電源をオンにすることを忘れないようにしましょう。

# 003 タッチの操作を覚えよう

## 基本操作

iPhoneは画面に表示されるボタンやアイコンをタッチして操作します。タッチ操作には「タップ」や「スワイプ」などの種類があり、操作によって使い分けます。いろいろなタッチの操作について、確認しておきましょう。

### タップ／ダブルタップ

たたいた項目やアイコンに対応した画面が表示される

同じ場所を2回たたくと、ダブルタップになる

### ロングタッチ

メニューなどが表示される

**Point**

**「スワイプ」と「ドラッグ」の違いは？**

「スワイプ」は画面全体を動かしたり、ページを送るときに使う操作で、指をはらうように操作します。「ドラッグ」はアイコンなどを移動させるときに使う操作で、指で押さえたまま、移動元と移動先を意識して操作します。

## スワイプ

## ドラッグ

画面の項目やアイコンを指で押さえながら移動する

## ピンチ

画面が拡大されたり、縮小されたりする



Point

### 画面の端からスワイプしてみよう

画面の端からスワイプする操作には、機能が割り当てられていることがあります。たとえば、画面左上から下方向にスワイプすると、通知センター（ワザ008）が表示され、画面右上から下にスワイプすると、コントロールセンター（ワザ009）が表示されます。

# 004 iPhoneの画面構成を確認しよう

## ホーム画面とステータスバー

iPhoneで電話やカメラなどの機能を使うときは、ホーム画面に表示されているアプリのアイコンをタップします。どのアプリを使っているときでもホーム画面に戻る操作をすると、ホーム画面が表示されます。



### ホーム画面の構成

**❶ステータスバー**
時刻や電波の受信状態、バッテリーの残量などが表示される

**❷ウィジェット**
天気や写真アルバムなど簡単な情報が表示される。追加や削除もできる

**❸ホーム画面**
操作の基本となる画面。アイコンやフォルダ、ウィジェットが表示される。左右にスワイプすると、ページが切り替わる

**❹アプリアイコン**
iPhoneに入っているアプリを表す。後からダウンロードして追加できる

**❺検索**
タップすると、検索画面が表示される

**❻Dock**
アプリアイコンやフォルダを常に画面の下部に表示できる

**❼フォルダ**
複数のアイコンを1つのフォルダに整理できる（**ワザ064**）。タップすることで展開し、中に入っているアプリをタップして起動できる

## ステータスバーと通知

iPhoneの画面の最上段には、常に「ステータスバー」が表示されています。ステータスバーには時刻や電波状態、バッテリー残量など、iPhoneの状態が示されます。ホーム画面だけでなく、アプリの利用中もステータスバーは表示されます。ホーム画面のアイコンに通知の数が表示されることもあります。

❶時刻が表示される。起動中のアプリから別のアプリに移動したときは、直前のアプリ名が表示され、タップすると、直前のアプリに戻る

❷ネットワークの接続状況やバッテリー残量が表示される

❸各アプリが着信したメールやメッセージ、不在着信の件数などがバッジ（数字付きのマーク）で表示される

❹通話中や音楽再生中にホーム画面やほかのアプリを表示したときに、アイコンなどが表示される。カメラ使用中は緑、マイク使用中はオレンジの点が表示される

### 主なステータスアイコン

| アイコン | 情報の種類 | 意味 |
| --- | --- | --- |
|  | 電波（携帯電話） | バーの本数で携帯電話の電波の強さを表す |
|  | 機内モード | 機内モードがオンになっているときに表示される |
|  | Wi-Fi（無線LAN） | Wi-Fiの接続中にバーの本数で電波の強さを表す |
| 11:25 | 時刻 | 現在時刻が表示される |
|  | バッテリー（レベル） | バッテリーの残量が表示される |
|  | バッテリー（充電中） | バッテリー充電中は緑色の表示に変わる |

# 005 ホーム画面を表示するには

## ホーム画面の表示

画面の下端から上方向にスワイプすると、ホーム画面を表示できます。ホーム画面はiPhoneの起点となる画面で、アプリを利用中でもこの操作をすることで、ホーム画面に戻ることができます。



### ホーム画面の表示

画面の下端から上方向にスワイプ

ホーム画面が表示された

ウィジェットが表示された

### iPhoneを横にしているときも同様に操作できる

ホーム画面を表示する操作は、どのアプリを使っているときでも共通です。ブラウザーや動画などで、iPhoneを横にして表示しているときは、画面表示の下（この場合は長辺側）に表示されるバーを上方向にスワイプします。

## ホーム画面の切り替え

### 「ウィジェット」って何？

「ウィジェット」はホーム画面などに複数配置して表示できる**タイル状の簡易アプリ**で、天気や予定などの最新情報を確認できます。ホーム画面用とロック画面用の2種類のウィジェットがあり、それぞれをユーザーが自由に配置できます。ホーム画面用のウィジェットは、ホーム画面の1ページ目や通知画面を右にスワイプしたときに表示されるウィジェット専用の画面にも配置できます。

# 006 アプリの一覧を表示するには

**アプリライブラリ**

iPhoneにインストールされているアプリの一覧は、ホーム画面を複数回、左方向にスワイプしたときに表示される「アプリライブラリ」にジャンル別に表示されます。アプリライブラリ画面の上にある検索ボックスで検索もできます。

## アプリの一覧の表示

**ワザ005**を参考に、ホーム画面を表示しておく

画面を左に、複数回スワイプ

ホーム画面が増えたときは、最後のページまで左にスワイプする

アプリライブラリが表示された

アプリがジャンル別に自動で分類されている

右にスワイプするか、画面下端から上方向にスワイプすると、ホーム画面に戻る

**ホーム画面から消してもアプリを使える**

使用頻度の低いアプリや普段使わないアプリは、ホーム画面から取り除いて整理できます（**ワザ066**参照）。ホーム画面から取り除いたアプリは、削除しない限り、アプリライブラリから起動でき、通知なども受け取ることができます。

# 007 アプリを使うには

## アプリの起動

iPhoneには電話やメール、カメラなどの機能がアプリとして、搭載されています。ホーム画面にあるアプリのアイコンをタップすると、そのアプリが起動して、画面に表示され、それぞれの機能を使えるようになります。

### アプリの起動

ここでは［メモ］を起動する

［メモ］をタップ

［メモ］の説明画面が表示されたときは、［続ける］をタップする

［iCloudをオンにする］の画面が表示されたときは、［今はしない］をタップする

［メモ］が起動した

**アプリを使い終わったら**

アプリを使い終わったら、画面の下端から上方向にスワイプして、ホーム画面に戻るか、サイドボタンを短く押して、スリープに切り替えます。［ミュージック］アプリで音楽再生中などは、画面が消えた状態でも動作し続けます。

次のページに続く

## アプリの切り替え

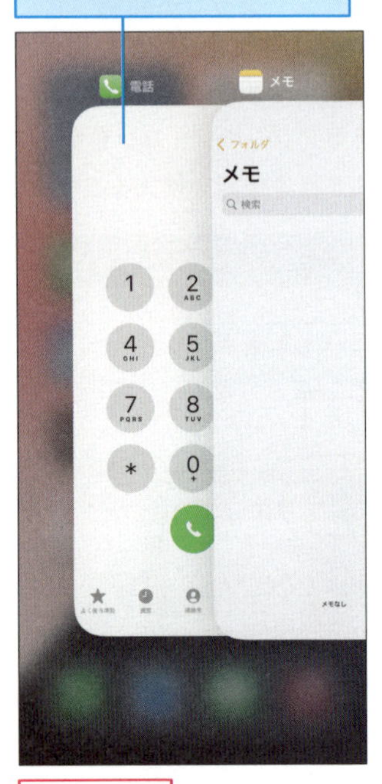

### 下端を右にスワイプしてもアプリを切り替えられる

アプリを使っているとき、**画面の下端に表示されたバーの部分を右にスワイプ**すると、アプリの切り替え画面を表示せずに、直前に使っていたアプリに切り替えることができます。

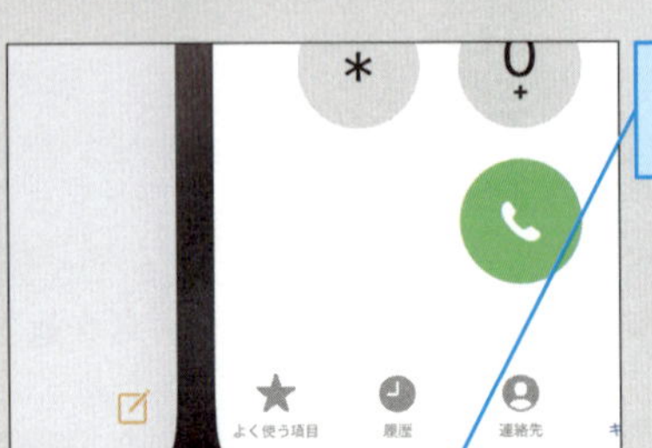

アプリの切り替え画面で、起動中のアプリが一覧表示された

左右にスワイプすると、表示を切り替えられる

アプリ画面の外をタップすると、アプリの切り替えを中止できる

切り替えたアプリが表示された

Point

## アプリを完全に終了することもできる

アプリの切り替え画面では、右の手順でアプリを**強制終了**させることもできます。アプリが正常に動作しなくなったときは、強制終了してから起動し直すことで、操作できるようになることがあります。ただし、入力中の文章など、強制終了前の操作内容は、失われることがあります。

アプリの切り替え画面を表示しておく

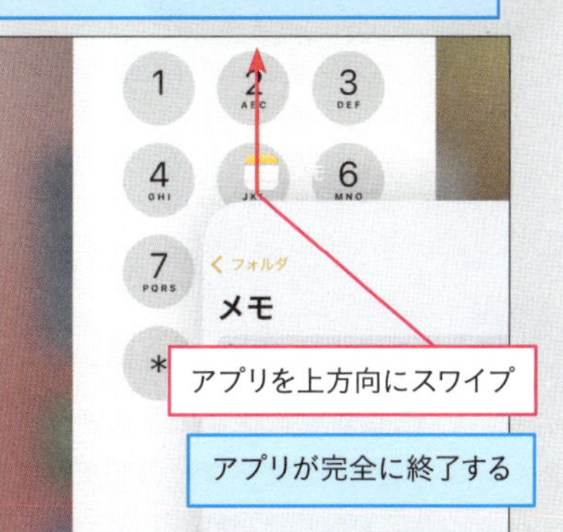


アプリが完全に終了する

1 基本
2 設定
3 最新
4 電話・メール
5 ネット
6 アプリ
7 写真
8 便利
9 疑問

# 008 通知センターを表示するには

## 通知センター

画面の左上のステータスバーから下方向にスワイプすると、「通知センター」の画面が表示されます。通知センターには各アプリの通知が新しい順に表示されます。通知をタップすると、各アプリが起動し、通知内容の詳細を確認できます。



❶画面左上から下にスワイプ

通知をタップすると、通知元のアプリが起動する

画面を右にスワイプすると、ウィジェットの画面が表示される

画面を左にスワイプすると、[カメラ]が起動する

### 通知センターの表示内容は変更できる

通知を左に少しだけスワイプし、[オプション] - [設定を表示] をタップすると、そのアプリの通知方法を設定できます。通知方法の詳細な設定については、**ワザ090**で解説します。

❸［開く］をタップ

通知された内容を確認できる

## 通知内容を簡易的に表示できる

通知をロングタッチすると、メールの本文など、通知の内容がポップアップ表示されます。ポップアップの外をタップすると、元に戻ります。アプリによっては、ロングタッチすることで、メッセージに定型文を返信することもできます

## 通知は消去できる

通知センターに表示される通知は、それぞれのアプリを起動し、通知された内容を確認すると、表示されなくなります。また、右の手順のように操作するか、左に大きくスワイプすると、通知を消去できます。通知センターに×が表示されているときは、タップすると、そこから下に表示された通知を一括で消去できます。

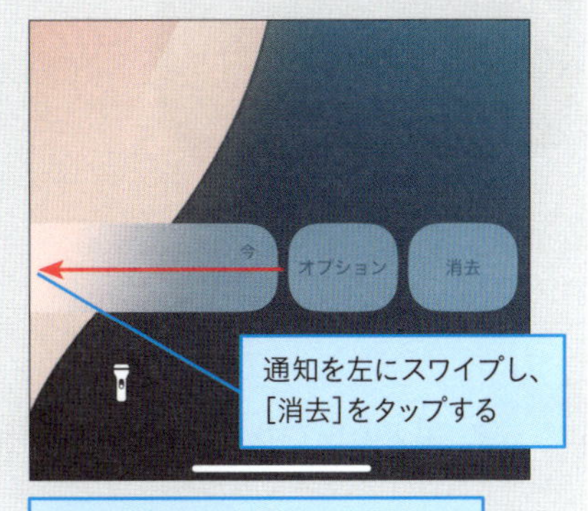


通知を右端から左端までスワイプしても消去できる

# 009 コントロールセンターを表示するには

**コントロールセンター**

画面右上のステータスバーから下方向にスワイプすると、「コントロールセンター」が表示されます。Wi-Fi（無線LAN）や画面の明るさなどを切り替えたり、［計算機］や「フラッシュライト］などのアプリや機能をすばやく起動できます。



## コントロールセンターの表示

❶画面右上から下にスワイプ

アイコンをタップすると、機能がオンになり、色付きで表示される

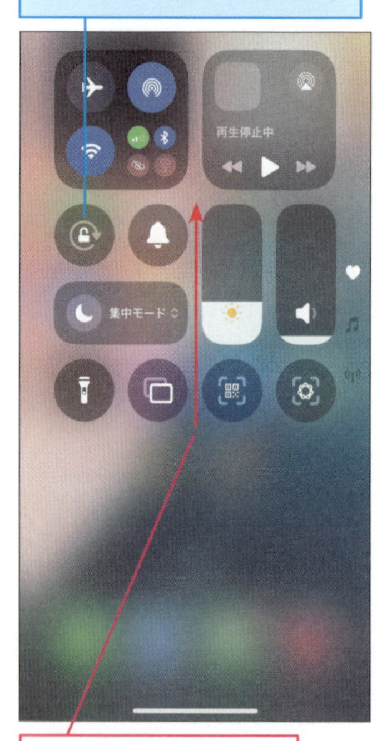


❷コントロールセンターを上方向にスワイプ

**コントロールセンターはどの画面からでも表示できる**

コントロールセンターはアプリを起動しているときやロック画面からでも表示できます。［設定］の画面（**ワザ023**）の［コントロールセンター］から、アプリ起動中には表示できないように設定することもできます。

### コントロールセンターを使いやすく変更できる

コントロールセンターの左上の［+］をタップすると、コントロールセンターのカスタマイズができます。アイコンやパネルの配置やサイズを変えたり、別の機能（コントロール）を追加したりして、自分なりに使いやすいコントロールセンターを作ることができます。コントロールセンターのカスタマイズについての詳細は、**ワザ035**を参照してください。

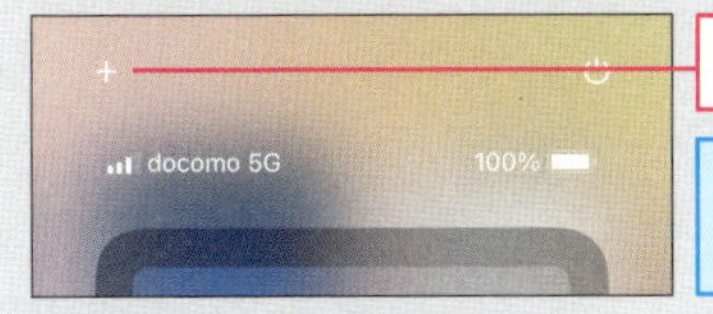


［+］をタップ

コントロールの編集画面が表示される

コントロールセンターが切り替わり、［再生中］のコントロールが表示された

表示しているコントロールセンターのページをアイコンで確認できる

❸コントロールセンターを上方向にスワイプ

コントロールセンターのページが切り替わり、［コネクティビティ］のコントロールが表示された

❹ここを上にスワイプ

コントロールセンターが閉じる

次のページに続く

## コントロールセンターの構成

❶機内モードやWi-Fiなどのオン/オフを切り替える。タップすると、右の詳細画面を表示できる

❷再生中の音楽などを操作できる

❸画面縦向きのロックやミラーリング、集中モードの設定を切り替える

❹上下にスワイプすると、画面の明るさや音量を調整できる

### ▶コネクティビティのコントロール

❺表示しているコントロールセンターのページを確認できる。表示しているページはアイコンが白く表示される

❻フラッシュライトやタイマーの機能を利用できるほか、[計算機]や[カメラ]を起動できる

### ▶各アイコンの機能

| アイコン | 名称 | 機能 |
|---|---|---|
| | 機内モード | 無線通信を無効にする機内モードのオン/オフを切り替えられる |
| | モバイルデータ通信 | モバイルデータ通信のオン/オフを切り替えられる |
| | Wi-Fi | Wi-Fi接続のオン/オフを切り替えられる |
| | Bluetooth | Bluetooth接続のオン/オフを切り替えられる |
| | 画面縦向きのロック | オンにすると、画面が本体に合わせて回転しなくなる |
| | 画面ミラーリング | Apple TVなどにiPhoneの画面を映し出せる |
| | 集中モード | 通知音などを鳴らさない集中モード(**ワザ088**)に切り替えられる |
| | フラッシュライト | オンにすると背面のライトが点灯し、懐中電灯になる |
| | QRコード | QRコード(二次元コード)を読み取るアプリが起動する。[カメラ]アプリでも読み取れる |

# 010 キーボードを切り替えるには

文字入力

iPhoneでは文字入力が可能になると、自動的に画面にキーボードが表示され、タッチで文字を入力できます。何種類かのキーボードが用意されていて、入力する文字の種類や用途に応じて、切り替えながら使うことができます。

**ワザ007**を参考に、［メモ］を起動し、右下の をタップして、新しいメモを作成しておく

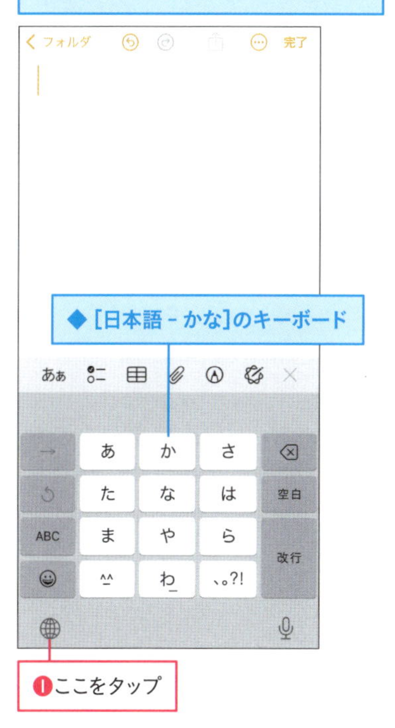


◆［日本語 - かな］のキーボード

❶ここをタップ

◆［英語］のキーボード

❷ここをタップ

◆［絵文字］のキーボード

ここをタップすると、［日本語 - かな］のキーボードに切り替わる

## キーボードを一覧からすばやく切り替えられる

キーボードの をロングタッチすると、キーボードが一覧で表示されるので、切り替えたいキーボードを選びます。 をくり返しタップする必要がなく、直接、使いたいキーボードを選べる便利な操作なので、覚えておきましょう。

# 011 アルファベットを入力するには

英字入力

メールアドレスや英単語など、アルファベット（英字）を入力するときは、パソコンと似た配列の［英語］キーボードが便利です。Webページのアドレス入力時などは、キーボード配列の一部が変わることがあります。

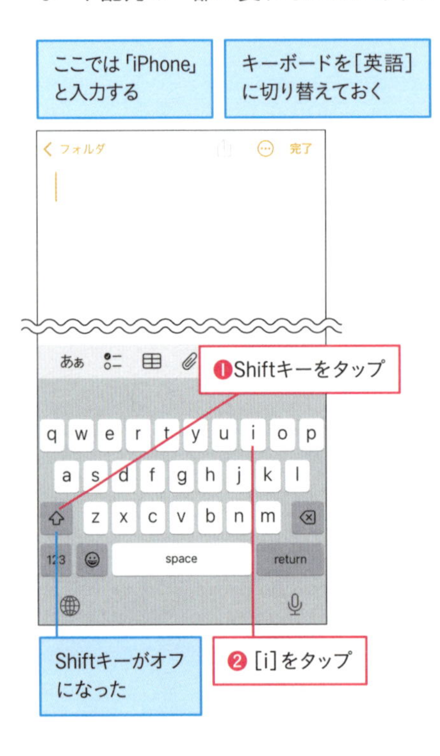

**大文字だけを続けて入力できる**

大文字を続けて入力したいときは、Shiftキー（⇧）をダブルタップします。⬆が反転表示されている間は、常に大文字で入力できます。元に戻すには、もう一度、Shiftキー（⬆）をタップします。

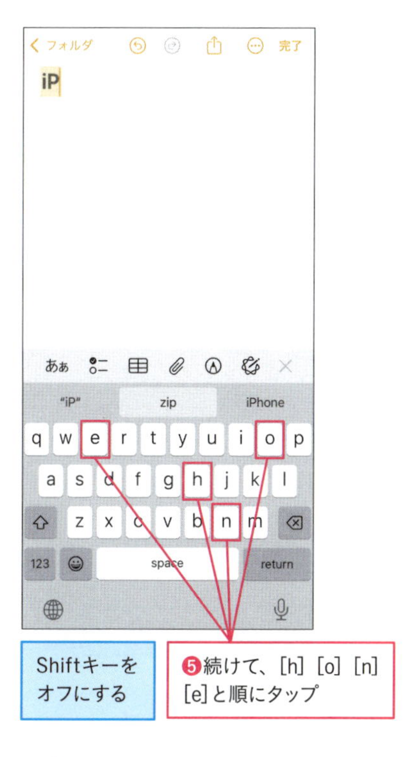


「iPhone」と入力できた

## 数字や記号も入力できる

数字や記号を入力したいときは、123と表示されたキーをタップし、キーボードを切り替えます。さらに#+=をタップすると、さらにほかの記号を入力できます。ABCをタップすると、元のアルファベットのキーボードが表示されます。

### 数字の入力

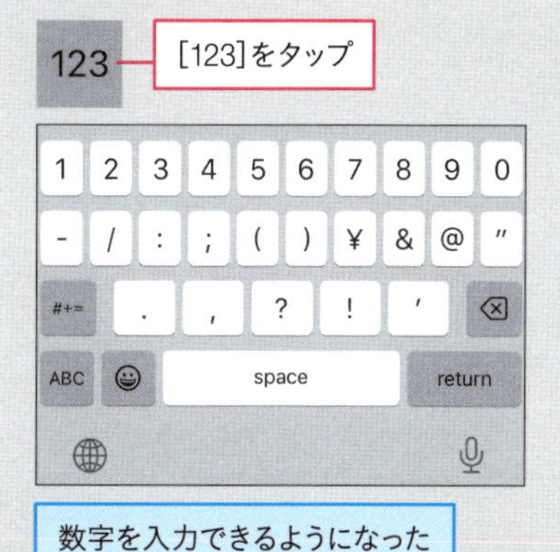


数字を入力できるようになった

### 記号の入力

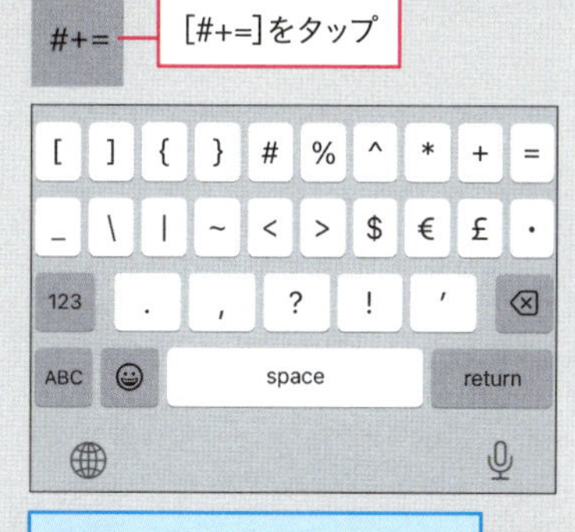


記号を入力できるようになった

# 012 日本語を入力するには

## 日本語入力

日本語を入力するときは、携帯電話のダイヤルボタンと似た配列の［日本語 -かな］のキーボードが使えます。読みを入力すると、漢字やカタカナなどの変換候補が表示されます。表示された候補をタップすると、文字を入力できます。



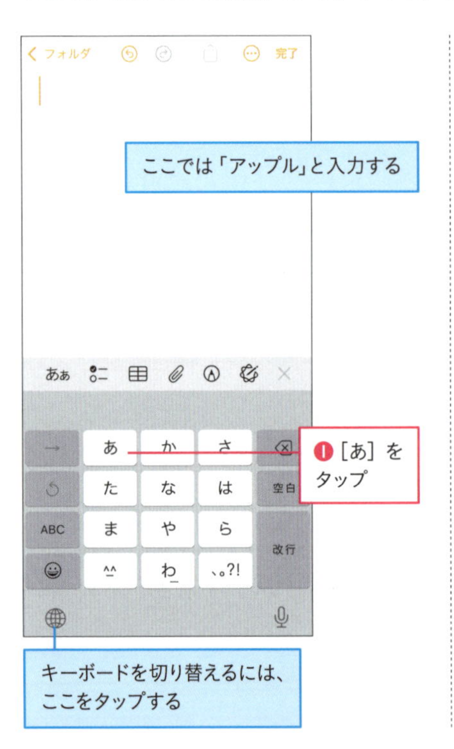


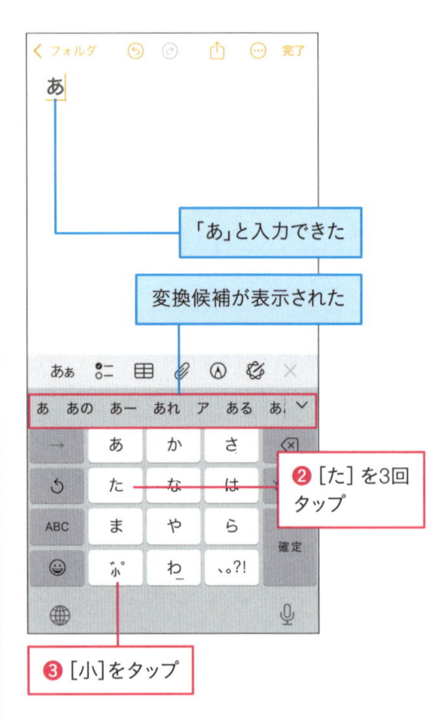


### Point 予測変換も利用できる

文字を入力していると、通常の変換候補に加え、入力前の文字も予測した変換候補も表示されます。過去に入力した単語を学習し、変換候補として表示する機能もあります。

### Point 音声で入力できる

キーボードが表示されているとき、右下のマイクのアイコン  をタップすると、音声で文章を入力することができます。

「っ」と入力できた

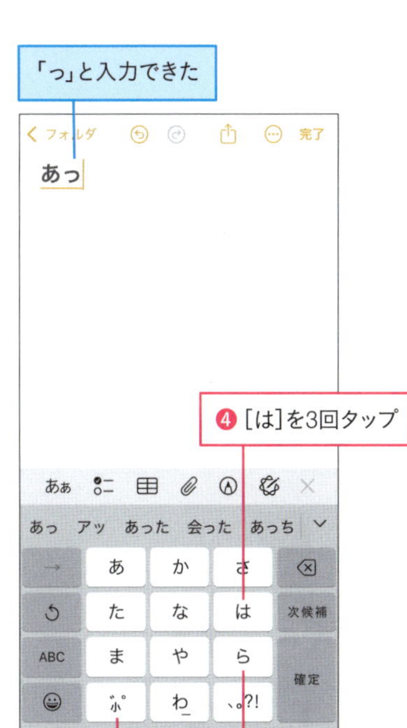


❹［は］を3回タップ

❺［小］を2回タップ

❻［ら］を3回タップ

「あっぷる」と入力できた

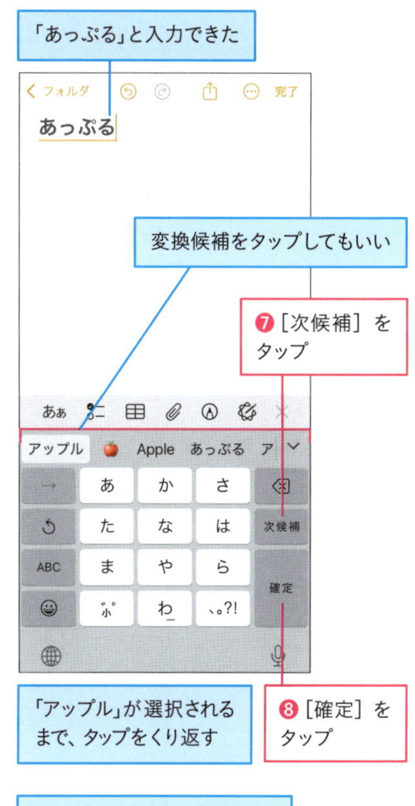


変換候補をタップしてもいい

❼［次候補］をタップ

「アップル」が選択されるまで、タップをくり返す

❽［確定］をタップ

「アップル」の変換が確定した

### ボタンを押しすぎても戻せる

文字ボタンをタップしすぎたときは、↺ボタンをタップすると、戻すことができます。

### ［日本語 - かな］で数字や記号を入力するには

英字や記号を入力したいときは、ABCをタップして、英字モードに切り替えます。英字モードで☆123をタップすると、数字モードに切り替わります。あいうをタップすると、日本語モードに戻ります。

次のページに続く

## [日本語 - かな]のキーボードですばやく入力できる

[日本語 - かな] のキーボードでは、文字に指をあて、そのまま指を上下左右にスワイプさせることで、その方向に応じた文字を入力できる「フリック入力」が使えます。少し慣れが必要ですが、キーをタップする回数が減り、すばやく文字を入力できるようになります。

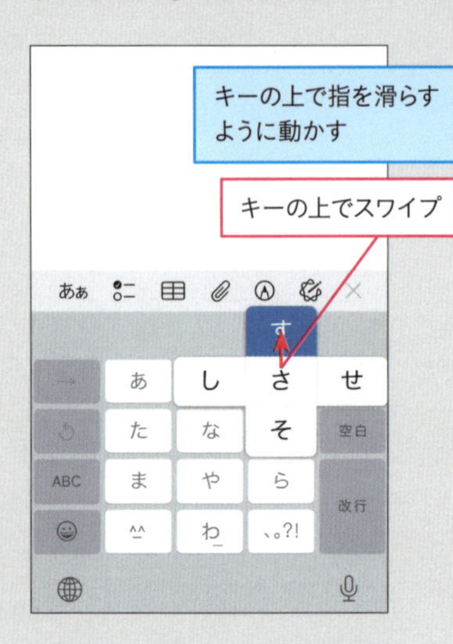


### 文字の割り当ての例

[あ]には左、上、右、下の順に「い」「う」「え」「お」の文字が割り当てられている

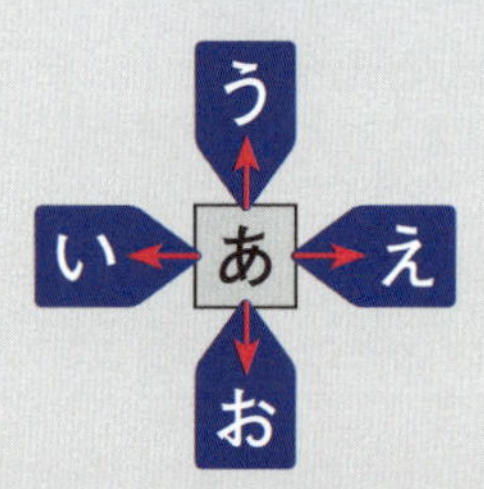

## フリック入力専用の設定に切り替えできる

フリック入力に慣れてきたら、フリック入力専用の設定に切り替えることができます。[ 設定] の画面の [一般] - [キーボード] で [フリックのみ] をオンに設定するのがおすすめです。キーをくり返しタップして文字を切り替えながら入力する方法が使えなくなりますが、たとえば、「おおい」など、同じ文字や同じ行のひらがなが連続する単語を入力するとき、1文字ごとに→をタップする必要がなくなります。英字や数字への切り替えボタンも使いやすくなります。

[フリックのみ]のここをタップして、オンに設定

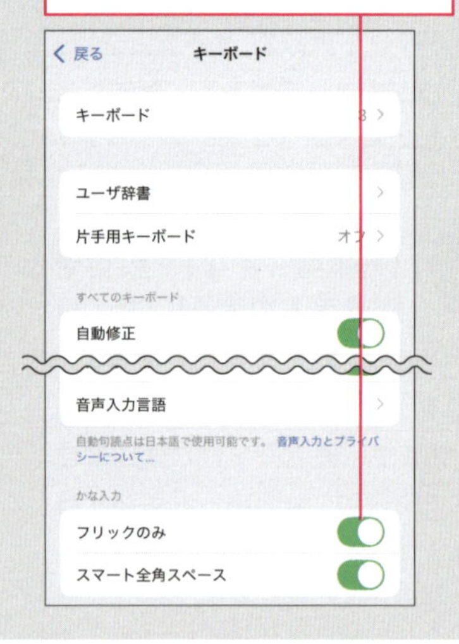

# 013 文章を編集するには

## コピーとペースト

入力した文字に間違いがあったときは、このワザの手順で修正できます。入力済みの文字列をコピーし、別の場所に貼り付けること（ペースト）もできます。効率良く長い文字を入力するために、これらの方法を覚えておきましょう。

### 文字の編集

ここでは「西口」を削除して、「北口」と入力する

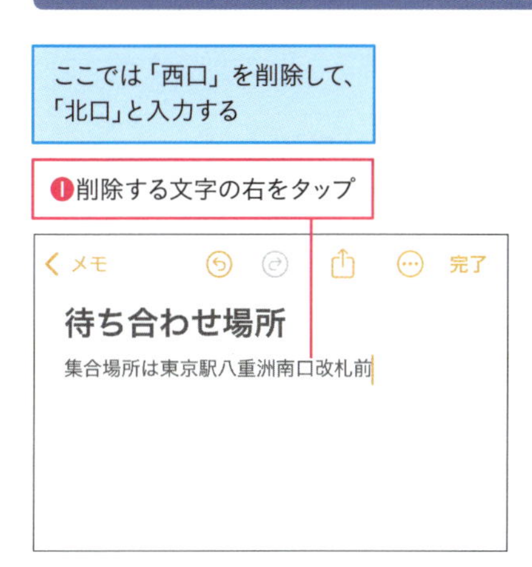


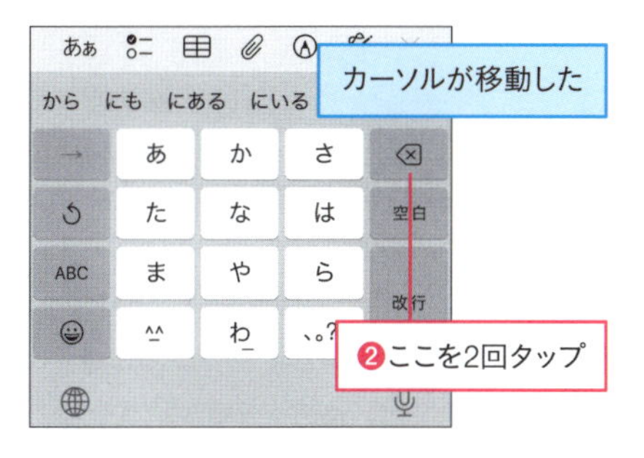


文字が削除された

❸「北口」と入力

**操作を間違ったときは簡単な操作で取り消せる**

文字を編集中、間違って文字列を消してしまったときなどは、画面を指3本でダブルタップ、あるいは指3本で左にスワイプすることで、直前の操作を取り消すことができます。取り消した操作は、指3本で右にスワイプすることで、やり直すことができます。

次のページに続く

## 文字のコピーとペースト

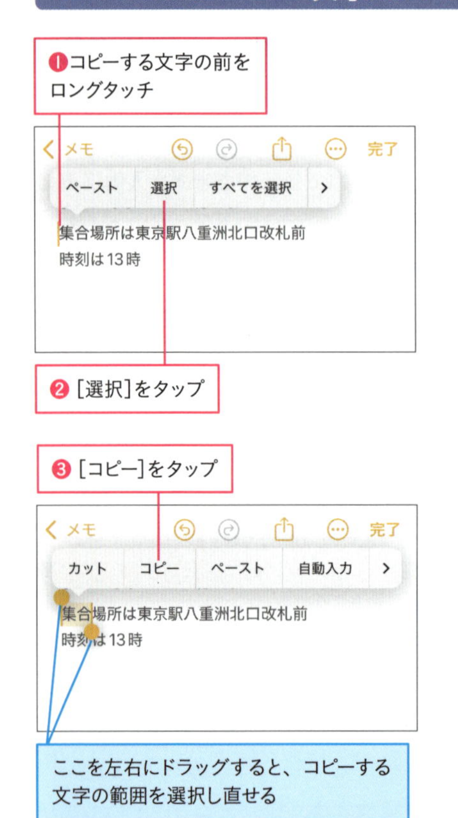

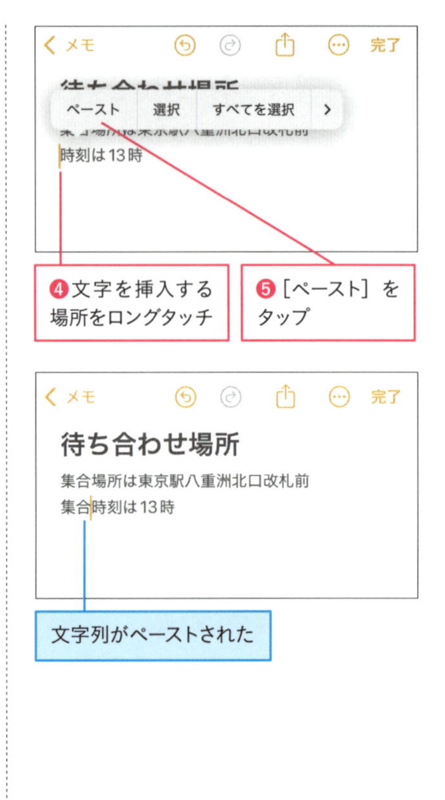


### Point カーソル位置や選択範囲を微調整しよう

文字を入力するカーソル位置を細かく移動するには、**カーソルをロングタッチし、そのままドラッグ**します。ドラッグ中は指の少し上にカーソル周辺が表示され、カーソル位置を調整しやすくなります。コピーやカットする文字列を調整するときは、選択範囲の前後のカーソルをドラッグします。文字列を選択するときは、ダブルタップで単語単位、トリプルタップで文章単位を選択することができます。

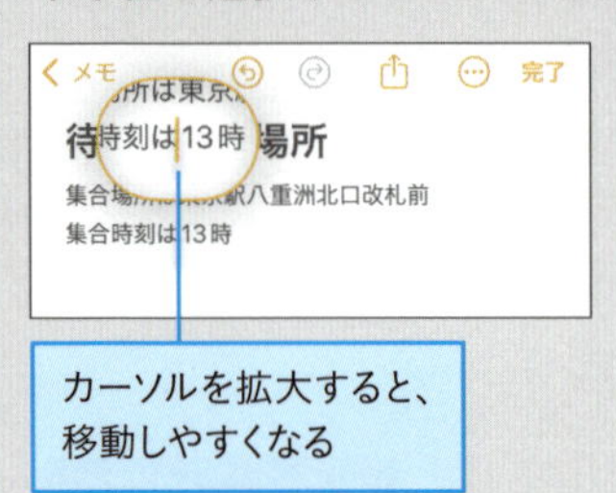


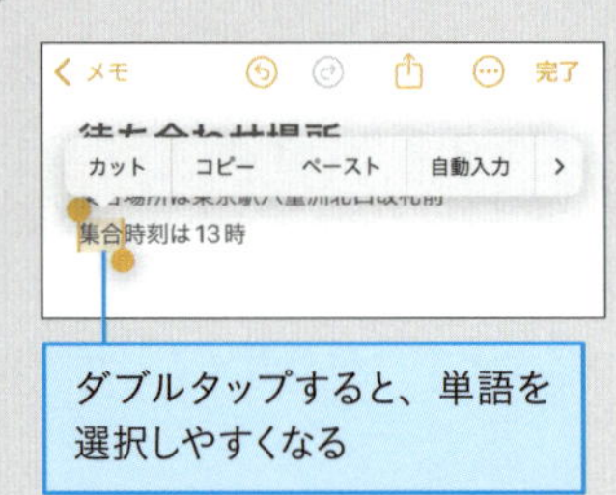

# 014 電話をかけるには

電話

iPhoneで電話をかけるには、［電話］アプリを使います。相手の電話番号を入力して電話をかける方法のほかに、連絡先（アドレス帳）に登録してある相手に電話をかけたり、発着信履歴やメールに書かれた電話番号に発信することもできます。



## 番号を入力して電話を発信

電話をかけるために［電話］を起動する

❶［電話］をタップ

❷相手の電話番号をタップして入力

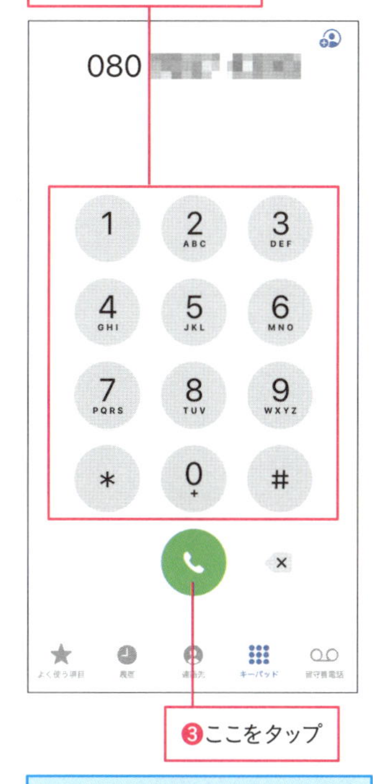


❸ここをタップ

キーパッドが表示されないときは［キーパッド］をタップする

### 入力した電話番号から連絡先を追加できる

手順2で電話番号入力中に右上のアイコンをタップすると、その電話番号を連絡先に登録できます。

次のページに続く

## 連絡先から電話を発信

❶［連絡先］をタップ

❷電話をかけたい相手をタップ

❸電話番号をタップ

すぐに発信が開始される

### 電話をかけるには留守番電話は使えるの？

iPhone 16eでは「ライブ留守番電話」（ワザ031）という機能が利用できます。［設定］画面の［アプリ］-［電話］の［ライブ留守番電話］がオンになっていれば、iPhoneにメッセージを録音する留守番電話が利用できます。着信に応答せず、相手のメッセージが録音されたときは、［電話］アプリの［留守番電話］で内容を確認できます。録音されたメッセージは、自動的にテキストに書き起こされ、文字で内容を確認できます。圏外にいるときにかかってきた着信にメッセージを残して欲しいときは、各携帯電話会社が提供する留守番電話サービスを利用しましょう。

## 通話中の画面構成

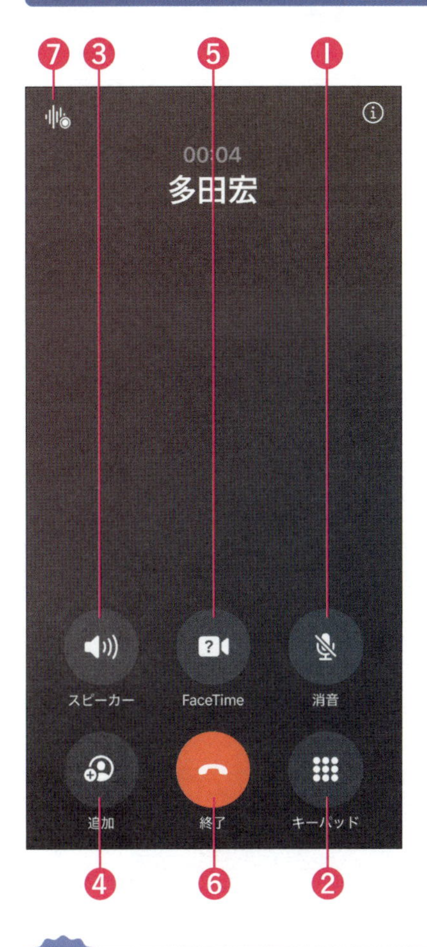


❶［消音］
自分の声を消音できる。通話相手の声は聞こえる

❷［キーパッド］
自動音声案内などで通話中にダイヤルボタンを入力するときに使う

❸［スピーカー］
iPhoneを耳にあてずに、相手の声をスピーカーで聞ける

❹［追加］
通話中に別の連絡先に電話をかけられる。最初に通話していた相手は保留状態になる

❺［FaceTime］
相手が対応している場合、FaceTimeのビデオ通話を開始できる

❻［終了］
通話を終了できる

❼［通話録音］
通話内容を録音する。録音内容は［メモ］アプリで再生できる

### 自分の電話番号を確認するには

自分のiPhoneの電話番号は、前ページの手順1の画面にある［マイカード］で確認できます。ここに表示されないときは、**ワザ023**を参考に、［設定］の画面の［アプリ］-［電話］をタップすると、［自分の番号］で確認できます。ほかの人に電話番号を教えるときなどに利用しましょう。

［設定］-［アプリ］-［電話］の順にタップすると、自分の電話番号を確認できる

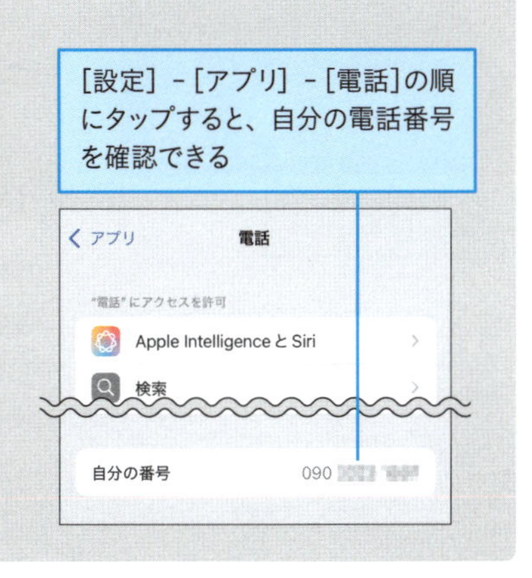

# 015 電話を受けるには

着信

電話がかかってきたときには、画面には相手の電話番号か、連絡先の登録名が表示されます。ほかのアプリを使っているときやスリープの状態でも電話がかかってくると、自動的に着信の画面が表示されます。



## 操作中の着信

相手の電話番号がここに表示される

ここをタップ

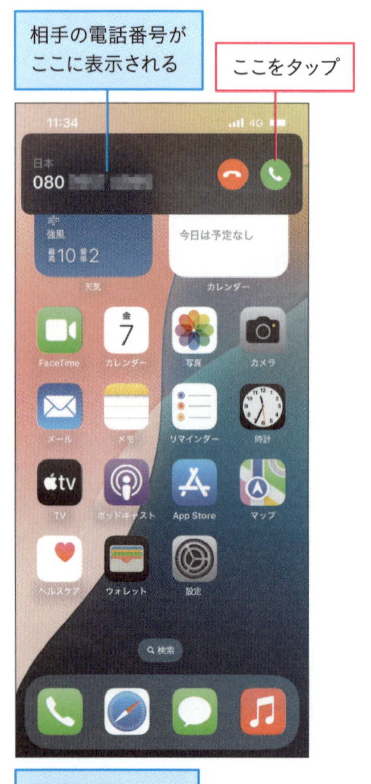


通話が開始される

## スリープ中の着信

相手の電話番号がここに表示される

［スライドで応答］のスイッチを右にスワイプ

通話が開始される

### 着信中にすばやく着信音を消すには

着信中に本体右側面のサイドボタンを押すと、着信音を止めることができます。通話ができる場所に移動してから応答し、通話ができます。

# 016 使えるメッセージ機能を知ろう

メールとメッセージの基本

iPhoneではさまざまな種類のメッセージやメールに対応し、送信相手の種類や文章の長さ、写真を送るかどうかなどによって、使い分けができます。ここでは主要なメッセージやメールの特徴について、解説します。

## 電話番号宛てに送れる「SMS」「+メッセージ」

**使用するアプリ**

メッセージ

+メッセージ

**送信先の例** 090-XXXX-XXXX

「SMS」は携帯電話番号を宛先に送受信するメッセージサービスで、[メッセージ]のアプリを使います。SMSを拡張して長い文章や画像をやりとりできるようにした「+メッセージ」は、楽天モバイルを除く携帯電話会社及び一部のMVNO各社で利用できます。

## Apple Account宛てに送れる「iMessage」

**使用するアプリ**

メッセージ

**送信先の例** 090-XXXX-XXXX／Apple Account

「iMessage」はiPhoneやMacなど、アップル製品同士で利用できるメッセージ機能です。[メッセージ]のアプリを使い、ほかの人のApple AccountやApple Accountに登録している電話番号を宛先にすると、自動的にiMessageとして送信されます。画像や録音した音声などもやり取りできます。

次のページに続く

## メールアドレス宛てに送れる「メール」

### 使用するアプリ

メール

### 送信先の例

xxxxx@xxxxxx.xxx

「～ @example.jp」などのメールアドレスを使う一般的なインターネットのメールサービスは、下の表にあるものが利用できます。パソコンで使っているインターネットメールサービスも必要な情報を設定すれば、iPhoneで送受信ができます。

### メールサービスの種類

| メールの種類 | メールアドレスの例 | 概要 |
|---|---|---|
| 携帯電話会社のメール | ～ @docomo.ne.jp<br>～ @au.com<br>～ @softbank.ne.jp<br>～ @rakumail.jp　など | 携帯電話会社が提供するメールサービス。各社の案内する手順で初期設定することで利用できる |
| iCloud | ～ @icloud.com | アップルが提供するクラウドサービス「iCloud」のメール機能。**ワザ024**でApple Accountを設定すれば、利用できる |
| Gmail、<br>Yahoo!メール | ～ @gmail.com、<br>～ @yahoo.co.jp | アップル以外の各社が提供するメールサービス。アカウントを設定すると、iPhoneで利用できる |
| 一般的な<br>インターネットメール | ～ @example.jp、<br>～ @impress.co.jp など | プロバイダーや会社のメール。サーバー名やアカウントを設定すれば、iPhoneでもパソコンと同様に使える |

**携帯電話会社のメールサービスを使っている場合は？**

機種変更する前から使っていた携帯電話会社のメールは、各携帯電話会社が案内する手順に従って設定すると、iPhoneの［メール］や［メッセージ］のアプリで使えるようになります。機種変更時にメールサービスの契約を解約していなければ、同じメールアドレスを継続して使うことができます。

# 017 [メッセージ]でメッセージを送るには

メッセージ

[メッセージ] ではSMSとiMessage、一部の携帯電話会社のメールサービスが利用できます。宛先を入力すると、自動的に最適なメッセージサービスが選択され、本文入力欄などで、どのサービスで送信するのかを確認できます。

❶[メッセージ]をタップ

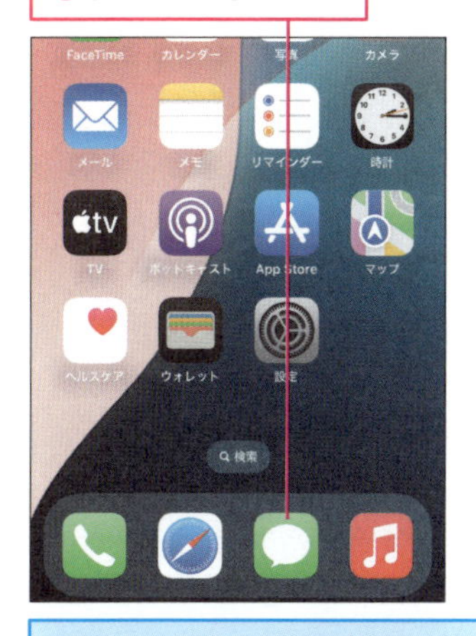


[あなたと共有]の画面が表示されたときは、[OK]をタップする

❷ここをタップ

受信済みメッセージの一覧が表示された

**Point**

### アニ文字やミー文字って何？

「アニ文字」は自分の表情を反映したCGアニメーションをiMessageで送信できる機能です。顔のパーツを選び、自分に似せたCGキャラクターを作る「ミー文字」という機能も利用できます。

**Point**

### メッセージに写真を添付するには

SMS以外のメッセージには、写真やビデオなどを添付して送信できます。メッセージの作成画面で⊕をタップすると、カメラを起動して、添付する写真を撮影したり、写真ライブラリから添付する写真を選んだり、送信するオーディオ（音声）を録音したりできます。

次のページに続く

❸ここをタップ

❹メッセージを送信する連絡先をタップ

連絡先の詳細画面が表示された

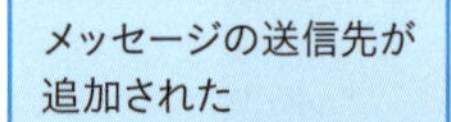

❺送信先をタップ

メッセージの送信先が追加された

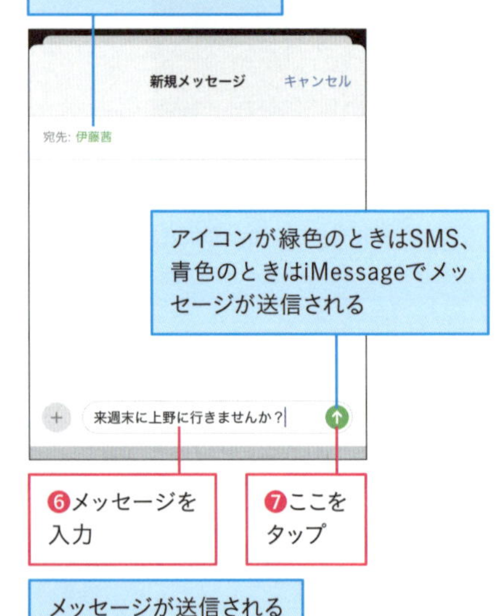


アイコンが緑色のときはSMS、青色のときはiMessageでメッセージが送信される

❻メッセージを入力

❼ここをタップ

メッセージが送信される

**Point** 電話番号を入力してメッセージを送信できる

SMSは**宛先の携帯電話番号を入力**することでも送信できます。電話番号の間違いに注意しましょう。

**Point** SMSは送信料がかかる

SMSは送信時に**料金（通常は1通3.3円）がかかります**。受信には料金がかかりません。

# 018 受信したメッセージを読むには

## メッセージの確認



［メッセージ］がメッセージを受信すると、通知音が鳴り、新着通知が表示されます。iPhoneがスリープ状態のときやほかのアプリを使っているときでもメッセージは自動的に受信されます。

標準の設定ではメッセージを受信すると、バナーとバッジで通知される

❶［メッセージ］をタップ

バナーをタップしてもいい

❷表示したいメッセージをタップ

会話のような吹き出しでメッセージが表示された

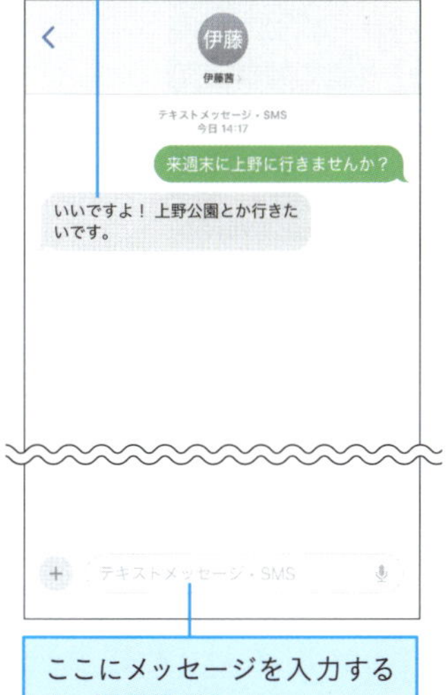


ここにメッセージを入力すると、返信できる

### Point 新着メッセージはロック画面などにも通知が表示される

新着通知がどのように表示されるかは、**ワザ090**で説明している通知の設定内容によります。ロック画面に表示しないようにしたり、通知センターにまとめて表示するかどうかも設定できるので、自分の使い方に合わせた設定に変更しましょう。

# 019 iPhoneでWebページを見よう

Safari

Webページを見るには、ブラウザーアプリ［Safari］を使います。キーワードを打ち込んで検索するだけでなく、URLを入力して、Webページを表示することも可能です。はじめて起動したときには、手順2の画面が表示されます。



## Webページの表示

❶［Safari］をタップ

ここでは［お気に入り］に登録されているアップルのWebページを表示する

❷［Apple］をタップ

**Point**

### 新しいタブが自動的に開くこともある

通常、Webページにあるリンクをタップすると、リンク先のWebページに表示が切り替わります。Webページによっては、リンクをタップすると、新たに別のタブが追加され、表示されることがあります。タブの切り替えやタブを閉じたりする操作は、ワザ049を参照してください。

## 進んだり戻ったりするには左右にスワイプする

Webページを移動するには、**画面を左、もしくは右にスワイプ**します。左端から右にスワイプすると前のページ、逆に右端から左にスワイプすると直前に表示していたページに移動し、表示します。

## Webページの先頭にすばやく戻れる

ニュースやブログ、検索結果や掲示板など長いページの下段まで読み進めた後、再び、Webページの先頭（最上段）に戻りたいときは、**ステータスバー（23ページ）をタップ**しましょう。一気にWebページの先頭にジャンプして表示されます。ステータスバーをタップして、画面の先頭にジャンプする方法は、［Safari］以外のアプリでも共通の操作なので、覚えておきましょう。

❸リンクをタップ

ここをタップすると、直前に表示していたWebページに戻る

次のページに続く

## [Safari ]の画面構成

❶表示方法についてのメニューを表示できる

❷URLでWebページを表示したり、キーワードで検索したりできる

❸表示されているWebページを再読み込みできる

❹直前に表示していたWebページに戻れる

❺Webページを戻ったとき（❹の操作後）、直前に表示していたWebページに進める

❻共有やブックマーク追加などのメニューを表示できる

❼登録済みのブックマークやリーディングリスト、履歴を表示できる

❽タブの切り替えや新しいタブの表示ができる

### 「位置情報の使用を許可しますか?」と表示されたときは

最寄りのコンビニエンスストアを検索するときなど、位置情報と連動したWebページでは、「"Safari"に位置情報の使用を許可しますか?」と表示されることがあります。許可をすると、自動的に自分の位置情報がWebページに送信され、周辺の検索結果が出やすくなります。アップルは個人情報の保護を重視しているため、位置情報をWebページに送信するかどうかの許可をユーザーに確認するようになっています。

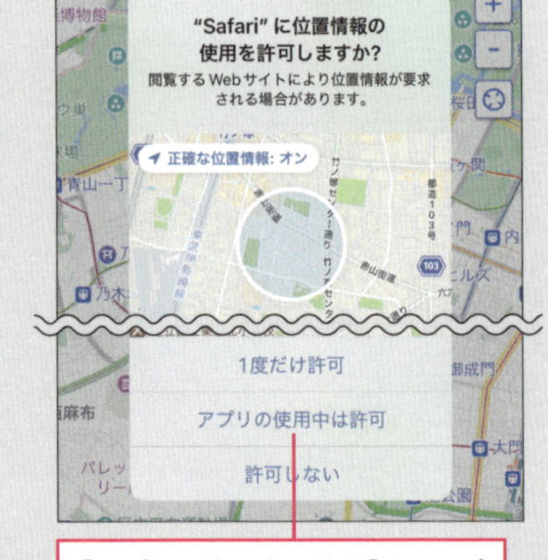


[アプリの使用中は許可]をタップ

# 020 Webページを検索するには

## Webページの閲覧

Webページを探し出したいときは、［Safari］の検索フィールドにキーワードを入力して、［開く］をタップします。Googleの検索結果に加えて、キーワードにマッチした情報やブックマークなども表示されます。

**ワザ019**を参考に、[Safari]を起動しておく

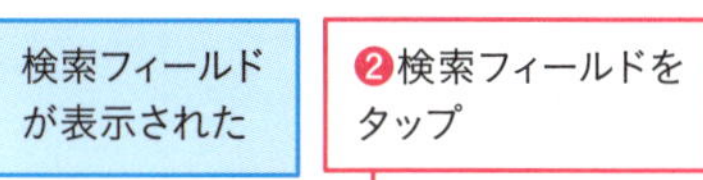


検索フィールドが表示された

❷検索フィールドをタップ

URLが選択状態になり、検索フィールドに文字を入力できる状態になった

❸キーワードを入力

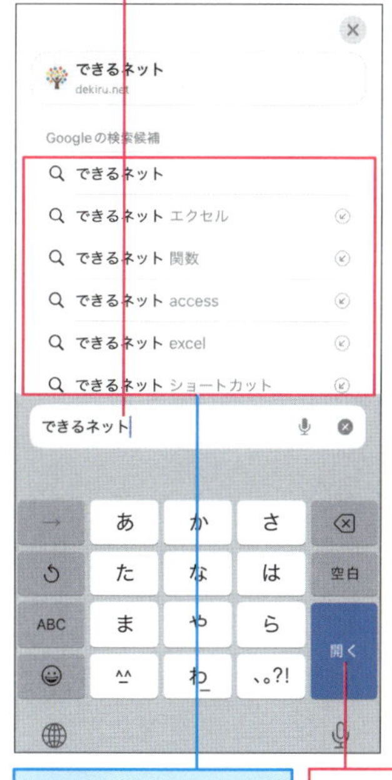


検索フィールドの上に予測候補が表示される

❹［開く］をタップ

［英語］のキーボードでは[Go]をタップする

次のページに続く

リンクをタップして、Webページを表示できる

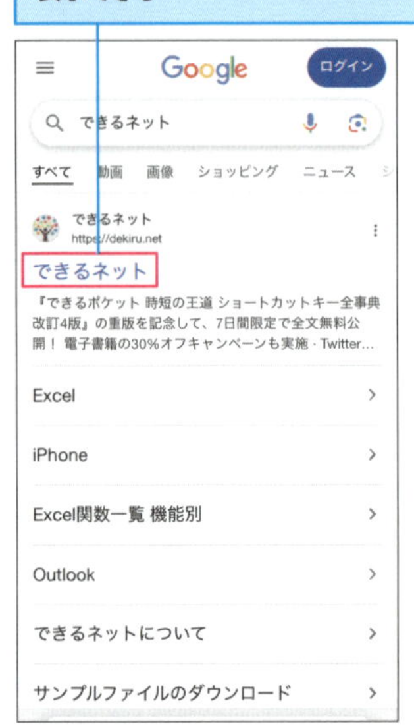

### URLを直接、入力して表示もできる

手順2の**検索フィールド**には検索ワードだけでなく、URLを直接、入力して、Webページを表示できます。URLは英数字で入力するため、**ワザ011**を参考に、キーボードを［英語］に切り替えて入力します。URLは1文字でも間違えると目的のWebページを表示できないので、確認しながら入力しましょう。

### Webページ内の文字を検索できる

ニュースや掲示板など、文字の多いWebページ内では、自分が読みたいキーワード、文字を探し出すのも一苦労です。そのようなときは、Webページを表示した状態で、**検索フィールドにキーワードを入力**すると、［このページ］という項目にWebページ内にキーワードと一致する件数が表示されます。さらに［“ ～ ”を検索］（～は入力したキーワード）をタップすると、Webページ内のキーワードが黄色くハイライトで表示され、目的のキーワードを見つけやすくなります。

手順2の画面を表示しておく

検索するキーワードを入力

キーワードに一致する項目がWebページにあれば、一致した件数が表示される

# 021 写真を撮影するには

## カメラ・撮影の基本

写真やビデオを撮るための［カメラ］アプリは、ホーム画面だけでなく、ロック画面からも起動できます。［カメラ］は日常の思い出の記録、メモの代わり、QRコード読み取りなどで頻繁に使うので、すばやく起動できるようにしましょう。

### ［カメラ］の起動

#### ロック画面から起動

画面を左にスワイプ

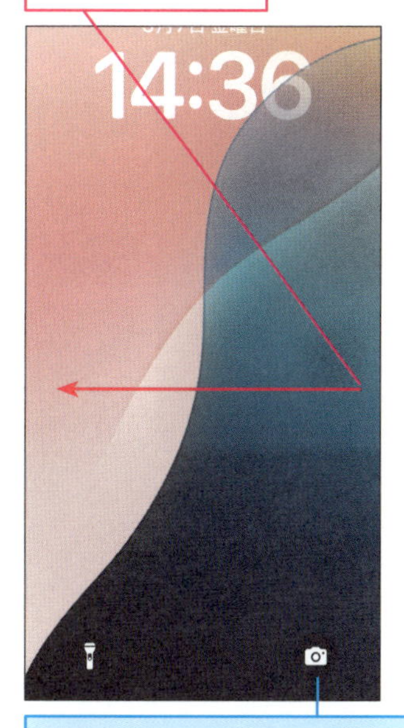


画面右下のアイコンをロングタッチしてもカメラが起動する

#### ホーム画面から起動

［カメラ］をタップ

**アクションボタンでカメラを起動できる**

ワザ036で解説する「アクションボタン」の設定を変更すれば、スリープ中や他のアプリ使用中でもアクションボタンを押すだけで、［カメラ］をすばやく起動できるようになります。

次のページに続く

## 写真の撮影

位置情報の利用に関する確認画面が表示されたときは、［アプリの使用中は許可］をタップする

［フォトグラフスタイル］の画面が表示されたときは、［あとで設定］をタップする

ここではLive Photosをオフにする

❶Live Photosのアイコンをタップ

Live Photosのアイコンに斜線が表示され、オフになった

❷ピントと露出を合わせたい場所をタップ

タップした場所にピントと露出が合った

❸シャッターボタンをタップ

写真が撮影される

### Live Photos って何？

Live Photosは**3秒程度の短い動きのある写真を撮る機能**です。普通の写真より記録容量が大きくなり、連写ができないなどの制限もあるため、このワザの手順ではオフにしています。

# 022 写真や動画を表示するには

写真・動画

撮影した写真や動画は、[写真]アプリで確認できます。iPhoneで撮影した写真だけでなく、スクリーンショットやダウンロードした画像、デジタルカメラから取り込んだ写真なども表示できます。写真の編集方法などは第7章で解説します。

❶[写真]をタップ

通知の送信についての画面が表示されたときは、[許可]をタップする

新機能の説明画面が表示されたときは、[続ける]をタップする

撮影された写真や動画の一覧が表示された

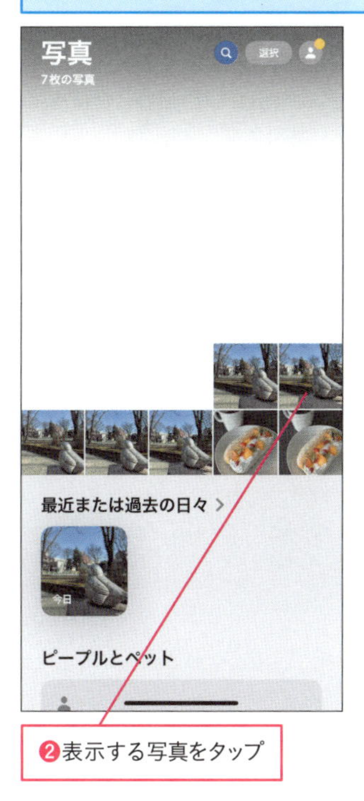


❷表示する写真をタップ

次のページに続く

画面を左右にスワイプすると、前後の写真を表示できる

ここをタップすると、写真の一覧に戻る

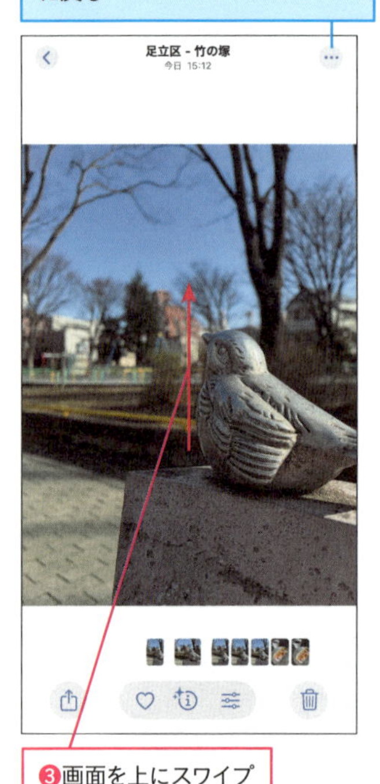


❸画面を上にスワイプ

写真を下にスワイプすると、手順3の画面に戻る

写真によっては、被写体を[調べる]からインターネット検索できる

Point

**写真はさまざまな分類で表示できる**

写真が増えてきたら、撮影地を使う[メモリー]や[旅行]、顔認識を使う「ピープル」などの自動分類機能が便利です。手順2の画面を下にスワイプすると、撮影日時順で写真が表示され、[月別]や[年別]をタップすると、月·年ごとに写真が分類·ピックアップされます。[すべて]をタップすると最新の写真に戻ります。手順2の画面を上にスワイプすると、[メモリー]などを見ることができますが、ある程度の枚数の写真が保存されていないと、[メモリー]などは使えません。

# 第2章

# iPhoneに欠かせない！<br>超基本の設定ワザ

# 023 Wi-Fi（無線LAN）を設定するには

## Wi-Fi（無線LAN）の設定



iPhoneはモバイルデータ通信ではなく、「Wi-Fi」（無線LAN）でもインターネットに接続できます。Wi-Fi接続時の通信は各携帯電話会社の料金プランのデータ通信量の対象外になるため、動画や大容量のデータを安心して、ダウンロードできます。

### ［設定］の画面の表示

ホーム画面を表示しておく

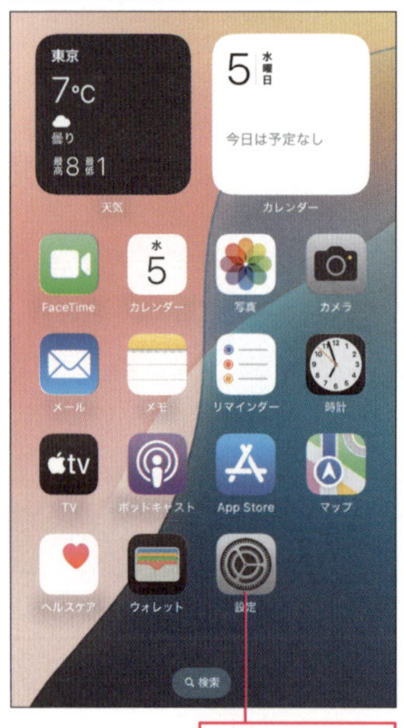

［設定］をタップ

iPhoneのさまざまな機能はここから設定する

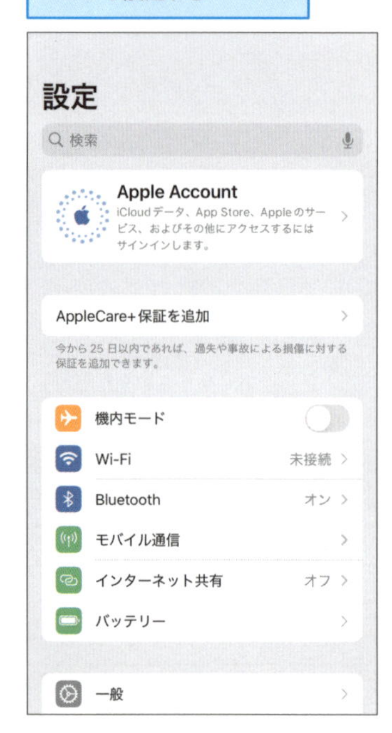

**iPhoneの基本設定は［設定］の画面から**

Wi-Fiをはじめ、iPhoneのさまざまな機能の設定は、［設定］の画面から操作します。［設定］の画面には、画面の明るさやプライバシーの設定など、数多くの項目が並んでいますが、誤った設定をすると、iPhoneが正しく動作しなくなるので、不必要な設定変更は控えましょう。

## Wi -Fi (無線LAN)の接続情報を調べるには

Wi-Fi (無線LAN) に接続するには、無線LANアクセスポイントの名前(SSID)やパスワード (暗号化キー) が必要です。下で説明しているように、**Wi-Fiの接続情報は無線LAN機器本体に記載**されています。会社などの無線LANに接続する方法は、社内のシステム担当者に問い合わせましょう。

## QRコードで簡単に接続できる製品もある

無線LANアクセスポイントには設定用のQRコードが記載されていることがあります。[カメラ] アプリ (ワザ021)を起動し、QRコードに向け、表示された [ネットワーク"○△□"に接続] をタップして、[接続] を選択すると、接続設定が完了します。購入後に無線LANアクセスポイントの暗号化キーを変更したときは、手動で設定します。

## Wi-Fi (無線LAN)の設定

**◆無線LANアクセスポイント**
アクセスポイントや無線LANルーターとも呼ばれる

Wi-Fiの接続に必要な情報は、無線LANアクセスポイントの側面や底面に記載されている

| SSID | Dekiru_net |
|---|---|
| 暗号化キー | XXXXXXXXXXXXX |

❶アクセスポイントの名前 (SSID) とパスワード (暗号化キー)を確認

前ページを参考に、[設定] の画面を表示しておく

❷[Wi-Fi]をタップ

次のページに続く

❸［Wi-Fi］のここをタップして、オンに設定

❹利用するアクセスポイントをタップ

## Wi-Fi（無線LAN）のオン/オフをすばやく切り替えるには

Wi-Fi（無線LAN）は右上隅から下方向にスワイプして表示される**「コントロールセンター」（ワザ009）でオン/オフ**ができます。ただし、コントロールセンターでWi-Fiをオフにしても無線LANアクセスポイントとの接続が切断されるだけで、一部の機能はWi-Fiによる通信を行なわれます。Wi-Fiによる通信を完全にオフにしたいときは、手順3のように［設定］アプリの［Wi-Fi］でオフにするか、コントロールセンターの「Wi-Fi」（ ）をロングタップして、右で［Wi-Fi］をタップして、オフに切り替えます。**コントロールセンターの［機内モード］（ ）をオン**にして、すべての通信をオフにすることもできます。

ここをタップして、Wi-Fi（無線LAN）のオン/オフを切り替えられる

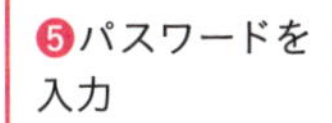

❺パスワードを入力

❻［接続］をタップ

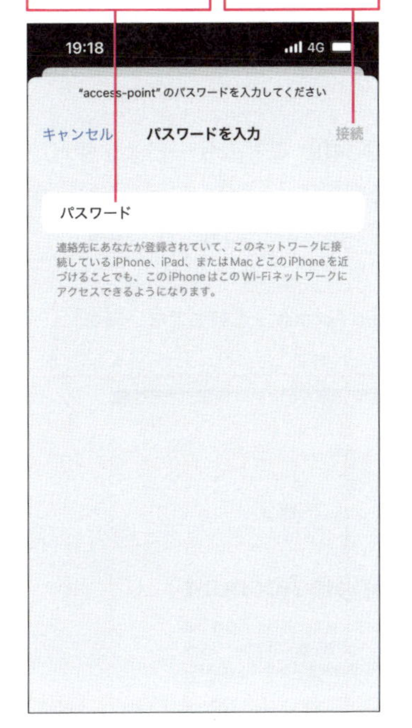


ステータスバーにWi-Fiのアイコンが表示された

次回以降、接続済みの無線LANアクセスポイントが周囲にあると、自動的に接続される

### Wi-Fi（無線LAN）につながらないときは

無線LANアクセスポイントの電波が届く範囲にいるのに、接続できないときは、Wi-Fiのパスワードが間違っていたり、無線LANアクセスポイントのパスワードが変更されているなどの可能性があります。手順4の画面でネットワーク名の右のⓘをタップし、一度、設定を削除してから、あらためて設定をやり直し、正しいパスワードを入力しましょう。

### Wi-Fi（無線LAN）のパスワードを家族と共有するには

いっしょに居る家族や友だちが手順4の画面で接続したいネットワークをタップしたとき、自分のiPhoneにアクセスポイントのパスワードを共有するかを確認する画面が表示されることがあります。［パスワードを共有］をタップすると、相手のiPhoneにパスワードを転送できます。パスワードを共有するには、相手の［連絡先］アプリに、自分のApple Accountを含む連絡先が登録されている必要があります。

# 024 Apple Accountを作成するには

## Apple Accountの設定

iPhoneでアップルが提供するiCloudやFaceTime（**ワザ040**）などのサービスを使ったり、App Store（**ワザ055**）でアプリをダウンロードするには、「Apple Account」（従来のApple ID）が必要です。Apple Accountを作成し、iPhoneに設定しましょう。



**ワザ023を参考に、［設定］の画面を表示しておく**

❶［Apple Account］をタップ

### Apple Accountをすでに持っているときは

これまでiPhoneやMacを使っていて、すでにApple Accountを持っているときは、新たに作成する必要はありません。手順2の画面で、［手動でサインイン］からApple Accountを入力してください。

❷［Apple Accountをお持ちでない場合］をタップ

**［手動でサインイン］をタップして、メールアドレスとパスワードを入力すると、サインインできる**

[名前と生年月日]の画面が表示された

❸姓を入力

❹名を入力

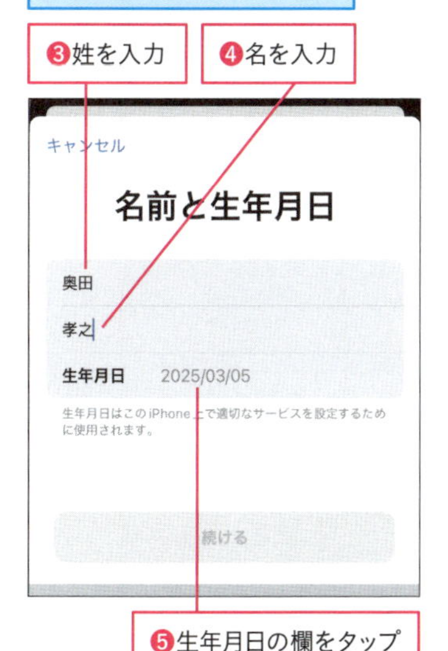


❺生年月日の欄をタップ

❻生年月日の年月をタップ

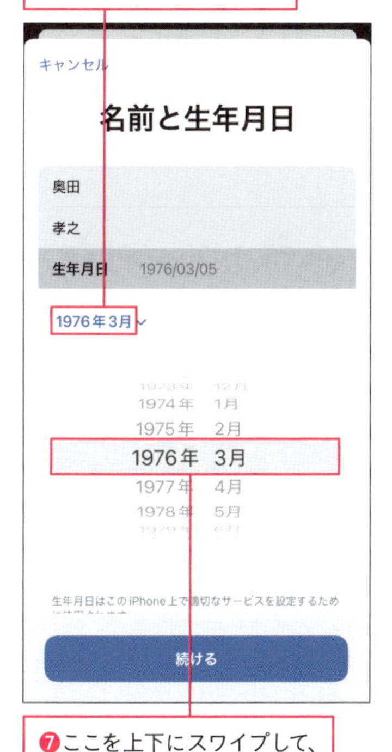


❼ここを上下にスワイプして、生年月を設定

続いて、生年月日の日付を設定する

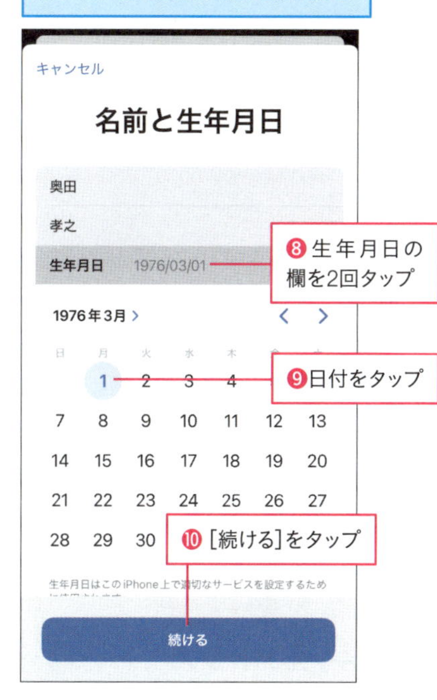


❽生年月日の欄を2回タップ

❾日付をタップ

❿[続ける]をタップ

ここではiCloudのメールアドレスを新規作成する

⓫[メールアドレスを持っていない場合]をタップ

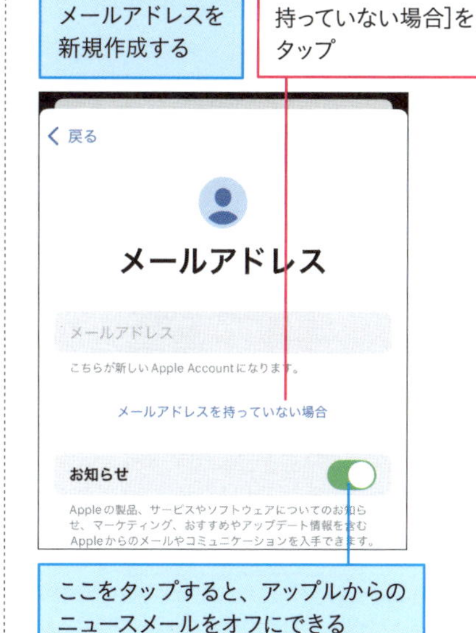


ここをタップすると、アップルからのニュースメールをオフにできる

次のページに続く

[メールアドレスを持っていない場合]と表示された

⓬ [iCloudメールアドレスを入手]をタップ

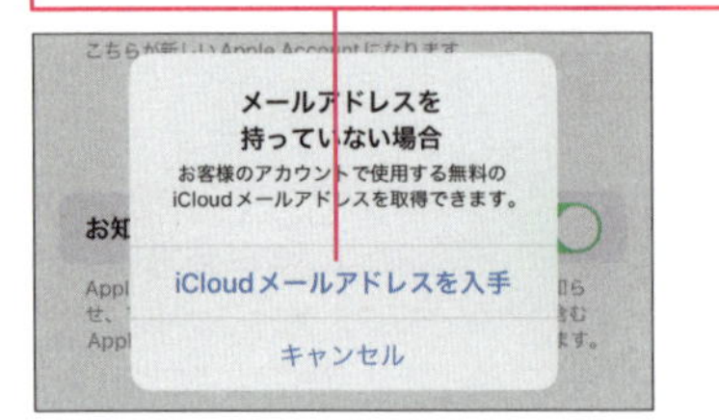


新規のメールアドレスが入力できる状態になった

⓭希望するメールアドレスを入力

⓮ [続ける]をタップ

メールアドレス作成の確認画面が表示された

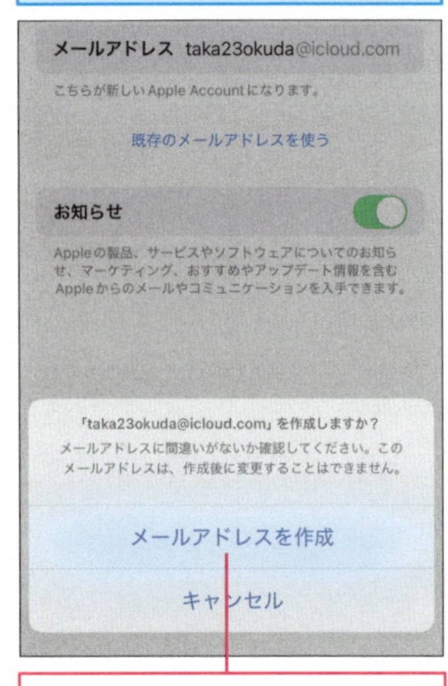


⓯ [メールアドレスを作成]をタップ

Apple Accountのパスワードを入力する画面が表示された

⓰希望するパスワードを入力

⓱もう一度、同じパスワードを入力

⓲ [続ける]をタップ

## Apple Accountにはどの電話番号を設定すればいいの？

手順19の［電話番号］の画面では、電話番号を登録しています。通常はiPhoneの電話番号が表示されますが、ほかの携帯電話番号や自宅などの固定電話の電話番号も登録できます。ただし、登録した電話番号は次ページで説明する「2ファクタ認証」で利用するため、いつでも着信を受けられる電話番号を登録しましょう。

［電話番号］の画面が表示された

⑲［続ける］をタップ

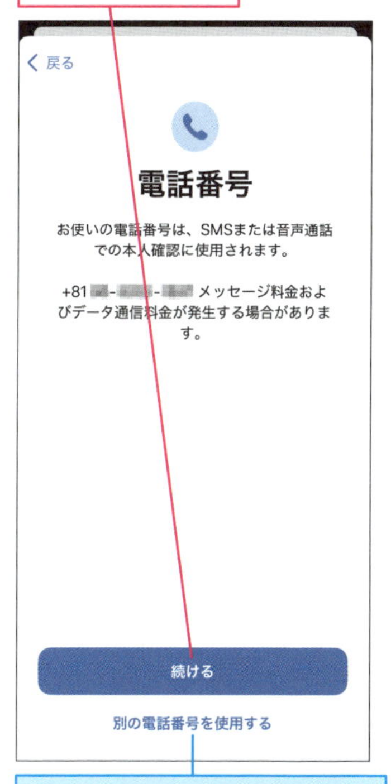


表示された番号とは違う電話番号を使うときは、［別の電話番号を使用する］をタップする

［利用規約］の画面が表示された

⑳利用規約の内容を確認

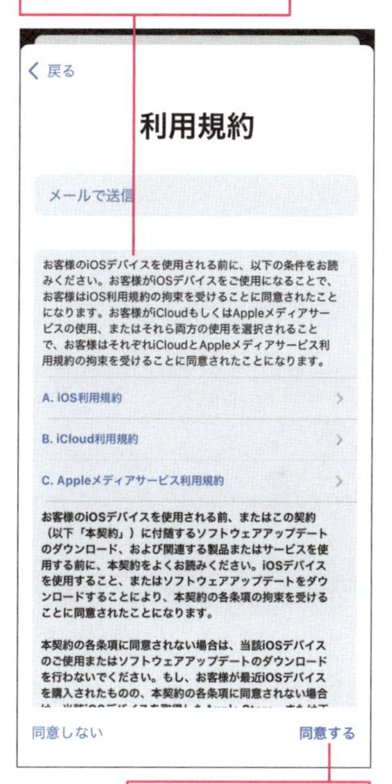


㉑［同意する］をタップ

次のページに続く

［Apple Account］の画面が表示された

続けて、**ワザ025**でiCloudのバックアップの設定を確認する

### なぜ電話番号が必要？

Apple Accountを使い、新しいiPhoneやほかの機器でサインインするときは、パスワードを含め、2種類の本人確認情報を求められます。この認証方法は「**2ファクタ認証**」と呼ばれ、万が一、パスワードが漏洩しても2つ目の認証が要求されるため、**不正アクセスを防止**できます。2ファクタ認証を使うときは、パスワードに加えて、確認コードの入力が必要になります。前ページの手順19で設定した電話番号にSMSで確認コードが送られてくるので、iPhoneの画面や［メッセージ］アプリで確認して、入力します。

### iPhoneの連絡先などをiCloud上に統合できる

すでにiPhoneに連絡先などの情報が保存されていて、iCloudの利用を開始すると、「iCloudにアップロードして結合します。」と表示されることがあります。ここで［結合］をタップすると、**iPhoneに保存されている連絡先やリマインダーなどの情報は、iCloud上のデータと統合**され、以後は自動的にiCloudに保存されます。

［結合］をタップすると、iPhoneの連絡先やカレンダーなどの情報がiCloudに統合される

第2章 iPhoneに欠かせない！超基本の設定ワザ

# 025 iCloudのバックアップを有効にするには

iCloudの設定

iPhoneにApple Accountを設定すると、アップルが提供するクラウドサービス「iCloud」を利用できます。iCloudは連絡先や写真、各アプリのデータなどを保存したり、他の機器とデータを同期でき、最大5GBまで無料で利用できます。

## iCloudを使ってできること

iCloudには連絡先やカレンダー、ブックマーク、写真、各アプリのデータ、iTunes Storeで購入した音楽などをiCloudのサーバーに保存できます。保存されたデータは同じApple Accountを設定した他の機器と同期され、同じデータを扱えます。また、iPhoneのデータをバックアップしたり、iPhoneのインターネット経由での探索や端末のロックなどの操作もでき、iPhoneの紛失に備えることができます。iCloudで設定される「○△□@icloud.com」は、メールアドレスとしても使えます。

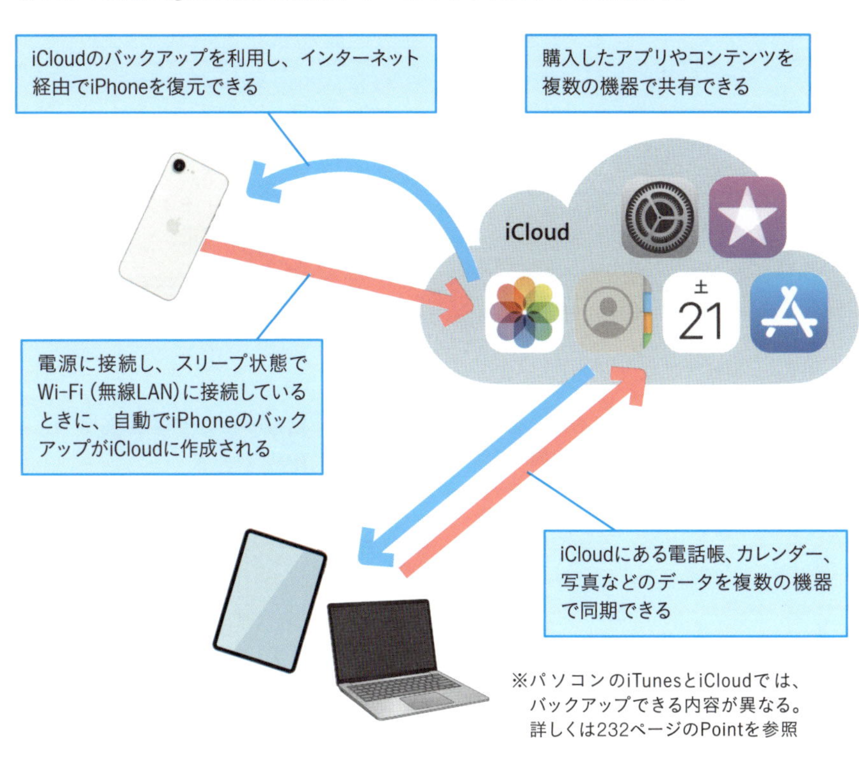


※パソコンのiTunesとiCloudでは、バックアップできる内容が異なる。詳しくは232ページのPointを参照

次のページに続く

## iCloudでのバックアップ

**ワザ023**を参考に、Wi-Fi（無線LAN）に接続しておく

iPhoneを電源に接続しておく

**ワザ023**を参考に、［設定］の画面を表示しておく

❶アカウント名をタップ

［Apple Account］の画面が表示された

❷［iCloud］をタップ

❸［iCloudバックアップ］がオンになっていることを確認

オフになっているときはタップして、［iCloudバックアップ］をオンにする。［iCloudバックアップを開始］の画面で、［OK］をタップする

### バックアップを手動で作成できる

iCloudへのバックアップはWi-Fi（無線LAN）と電源に接続されているときに、1日1回の間隔で、自動的に実行されます。手順3で［iCloudバックアップ］をタップし、［今すぐバックアップを作成］をタップすると、手動でもバックアップを作成できます。

# 026 携帯電話会社の初期設定をするには

**携帯電話会社の設定**



各携帯電話会社と契約して、iPhoneを利用するには、各携帯電話会社のサービス仕様に合わせた初期設定が必要です。各社のサイトから「プロファイル」と呼ばれる設定ファイルをダウンロードして、iPhoneにインストールします。

## NTTドコモでの初期設定

### STEP 1 プロファイルのダウンロード

▼ドコモメール利用設定サイト

**ワザ023**を参考に、Wi-Fi（無線LAN）をオフにしておく。Safariで［My docomo］を表示し、［ドコモメール利用設定サイト］からプロファイルをダウンロードする。

### STEP 2 プロファイルのインストール

STEP 1でドコモメール利用設定サイトからダウンロードしたプロファイルをインストールする。⇒69ページ

### STEP 3 d アカウントとパスワードの確認

［dアカウント設定］アプリをインストールし、dアカウントを設定する。契約時に登録したネットワーク暗証番号を使って設定する。⇒70ページ

## auでの初期設定

### STEP 1 プロファイルのダウンロード

▼メール初期設定

**ワザ023**を参考に、Wi-Fi（無線LAN）をオフにしておく。Safariで［auサポート］を表示し、［iPhone設定ガイド］にある［メール初期設定］からプロファイルをダウンロードする。

### STEP 2 プロファイルのインストール

STEP 1でメール初期設定からダウンロードしたプロファイルをインストールする。⇒69ページ

### STEP 3 au ID とパスワードの確認

［My au］アプリをインストールし、au IDを設定する。⇒70ページ

次のページに続く

## ソフトバンクでの初期設定

### STEP 1 プロファイルのダウンロード

▼一括設定

**ワザ023**を参考に、Wi-Fi(無線LAN)をオフにしておく。Safariで[一括設定]を表示し、[同意して設定開始]をタップする。ソフトバンクから届いたSMSを表示し、SMSにある[同意して設定]のURLをタップしてプロファイルをダウンロードする。

### STEP 2 プロファイルのインストール

STEP 1でソフトバンクのSMSを使ってダウンロードしたプロファイルをインストールする。⇒69ページ

### STEP 3 SoftBank IDとパスワードの確認

Safariを使い、[My SoftBank]のWebサイトを表示する。[My SoftBank]にログインし、SoftBank IDを確認する。⇒71ページ

## 楽天モバイルでの初期設定

### STEP 1 iPhoneにSIMをセットする

楽天モバイルのSIMをiPhoneにセットする。**ワザ023**を参考に、Wi-Fi(無線LAN)をオフにする。**ワザ004**を参考に、ステータスアイコンの電波にアンテナのバーと[4G]または[5G]と表示されていることを確認する。

**「キャリア設定をアップデートしてください」と表示された**

iPhoneに楽天モバイルのSIMをセットして、[キャリア設定アップデート]の画面が表示されたときは、[アップデート]をタップして、アップデートを実行しましょう。

### STEP 2 楽天IDの設定

App Storeから[my楽天モバイル]アプリをインストールし、楽天IDをアプリに設定する。⇒71ページ

**プロファイルのインストールって必要なの?**

iPhoneに各携帯電話会社のSIMカード(nanoSIM及びeSIM)を装着すれば、インターネットに接続できますが、プロファイルをインストールすることにより、各携帯電話会社が提供するメールの設定ができたり、各社サービスのアプリのショートカットがインストールされるなど、各社のサービス仕様に合わせた設定が行なわれます。不要なものは後で削除できるので、まずはプロファイルをインストールしておきましょう。

## プロファイルのインストール

❶ワザ023を参考に、［設定］の画面を表示

❷［ダウンロード済みのプロファイル］をタップ

iPhone利用設定のプロファイルをインストールする画面が表示された

❸［インストール］をタップ

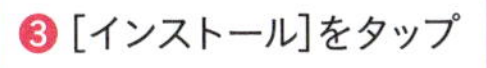

❹［インストール］をタップ

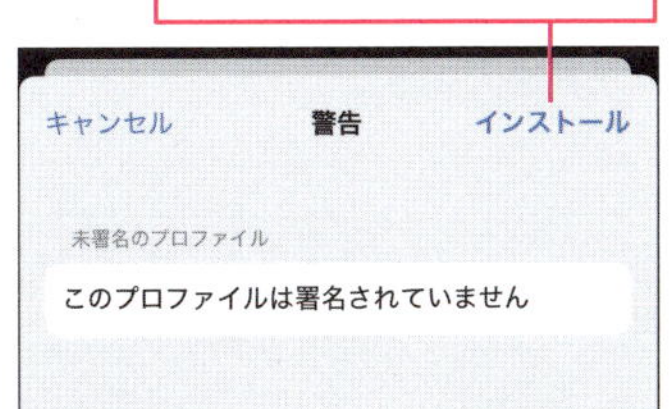


❺［インストール］をタップ

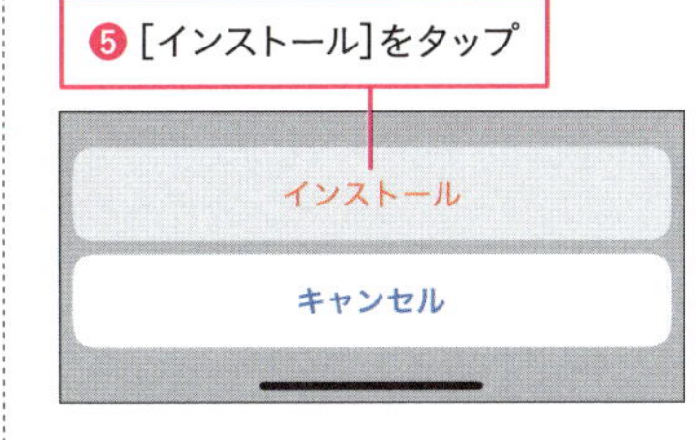


インストールされたプロファイルが表示された

❻［完了］をタップ

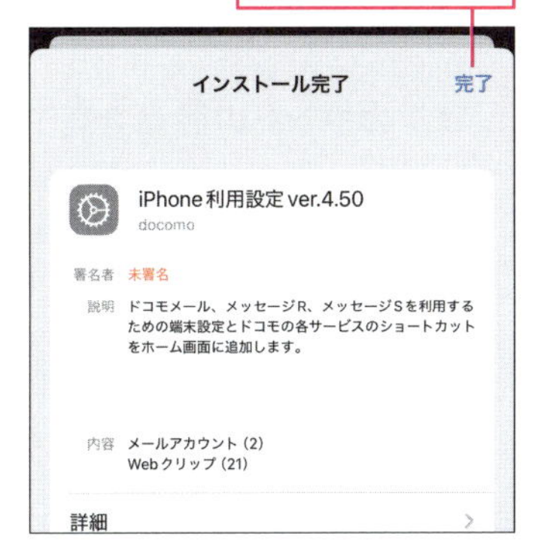


［VPNとデバイス管理］の画面が表示され、プロファイルのインストールが完了した

プロファイルがインストールされ、携帯電話会社のアプリやサービスのアイコンが表示された

次のページに続く

## dアカウントの設定

STEP 1

### [d アカウント設定] アプリの準備

▼ [dアカウント設定] アプリ

App Storeから [dアカウント設定] アプリをインストールする。プロファイルがインストールされているときは、ホーム画面のショートカットアイコンからインストールできる。

STEP 2

### アプリに d アカウントを設定する

**ワザ023**を参考に、Wi-Fi (無線LAN) をオフにしておく。インストールされた [dアカウント設定] アプリを起動し、 [ご利用中のdアカウントを設定] をタップする。設定されているdアカウントと電話番号を確認し、ネットワーク暗証番号を入力する。dアカウントを作成していないときは、 [新たにdアカウントを作成] をタップし、ネットワーク暗証番号を入力する。

STEP 3

### d アカウントの設定を完了する

アプリにdアカウントが設定されると、[dアカウント設定完了] 画面が表示される。表示された画面で生体認証やパスキーを設定することで、dアカウントを安全かつ簡単に使えるようになる。

**[My docomo]アプリもインストールしておこう**

[dアカウント設定]アプリと同様の手順で、手順1の画面で [My docomo] アプリもインストールしておくことをおすすめします。料金やデータ通信量の確認、各種手続きを行なうことができます。

## au IDの設定

STEP 1

### [My au] アプリの準備

▼ [My au] アプリ

App Storeから [My au] アプリをインストールする。プロファイルがインストールされているときは、ホーム画面のショートカットアイコンからインストールできる。

STEP 2

### アプリに au ID を設定する

**ワザ023**を参考に、Wi-Fi (無線LAN) をオフにしておく。インストールされた [My au] アプリを起動し、 [au IDでログインする] をタップする。au IDを入力し、 [次へ] をタップしてau IDのパスワードを入力する。

STEP 3

### au ID の設定を完了する

アプリにau IDが設定されると、 [My au] アプリのトップ画面が表示される。

## SoftBank IDの設定

**STEP 1**

### [My SoftBank] の Web サイトを表示

▼ [My SoftBank] Webページ

**ワザ023**を参考に、Wi-Fi(無線LAN) をオフにしておく。プロファイルがインストールされている場合は、ホーム画面のショートカットアイコンから[My SoftBank]のWebページを表示する。

**STEP 2**

### [My SoftBank] にログインする

[My SoftBank にログインする]をタップする。ログインが完了すると、トップ画面が表示される。[My SoftBank] の右上にある[メニュー] をタップし、[アカウント管理]画面をスクロールし、[SoftBank ID]の[確認する]をタップすると、SoftBank IDが表示される。

### SoftBank IDのパスワードを設定するには

SoftBank IDのパスワードを使うと、Wi-Fi接続時やパソコンからも「My SoftBank」を利用できるようになります。SoftBank IDのパスワードがわからなくなったときや変更したいときは、手順の画面にある[パスワード変更]で[変更する]をタップし、契約時に設定した4桁の暗証番号を入力すると、新しいパスワードを設定できます。

## 楽天IDの設定

**STEP 1**

### [my 楽天モバイル] アプリの準備

▼ [my楽天モバイル] アプリ

App Storeから[my楽天モバイル]アプリをインストールする。

**STEP 2**

### アプリに楽天 ID を設定する

インストールされた[my楽天モバイル]アプリを起動し、楽天IDとパスワードを入力する。ログインが完了し、表示されたトップ画面の右上にあるメニューをタップし、ダウンロードされたPDFから楽天モバイルIDを確認できる。

### 楽天IDと楽天モバイルIDは違うもの

[my 楽天モバイル] アプリにログインするときに入力する「楽天ID(ユーザー ID)」は、楽天市場などで楽天会員登録をしたときのIDで、楽天モバイルをはじめ、楽天グループの各サービスを利用するときに必要です。「楽天モバイルID」は楽天モバイルの契約者ごとに登録されたIDで、「スマホ交換保証プラス&家電補償」の利用時などに必要です。それぞれ別のIDなので、間違えないように注意しましょう。

# 027 補償サービスを申し込むには

**補償サービス**

iPhoneを使っていると、落下などで破損することがあります。万が一のときに備え、アップルや各携帯電話会社が提供する補償サービスに申し込んでおくと、安心です。補償サービスは基本的に**iPhoneの購入時のみに申し込む**ことができます。



## アップルと各携帯電話会社の補償サービス

iPhoneは常に持ち歩くため、落下や水没などで破損することがあります。iPhoneの修理は破損内容にもよりますが、数万円以上の高額になることもあります。そこで、アップルや各携帯電話会社では、**修理費を割り引いたり、整備済み品への交換などが依頼できる補償サービスを提供**しています。補償内容によって、料金が違い、支払いはアップルが購入時からの2年払いと月額払い、各携帯電話会社が月額払いに対応しています。いずれも**新品購入時にしか申し込めない**うえ、解約すると、再申し込みができないので、注意が必要です。

| 提供 | 補償サービス | 料金 |
|---|---|---|
| アップル | AppleCare+ | 980円（月額）<br>19,800円（2年間） |
| | AppleCare+ 盗難・紛失プラン | 1,140円（月額）<br>22,800円（2年間） |
| NTTドコモ | AppleCare+ | 990円（月額） |
| | AppleCare+ 盗難・紛失プラン | 1,144円（月額） |
| | smartあんしん補償 | 880円（月額） |
| au | 故障紛失サポート ワイド with AppleCare Services & iCloud+ | 1,550円（月額） |
| ソフトバンク | あんしん保証パック W with AppleCare Services | 1,350円（月額） |
| 楽天モバイル | 故障紛失保証 with AppleCare Services & iCloud+ | 1,310円（月額） |

※すべて税込

# 第3章

# 知っておきたい！
# iPhone 16eの最新ワザ

# 028 ホーム画面を使いやすく設定しよう

## ホーム画面のカスタマイズ

iPhone 16eに搭載されている基本ソフトウェア（iOS 18）では、**ホーム画面のアイコン配置や表示、色合いなどを変更**することができます。自分が使いやすいように、アイコンの位置や表示などを変更してみましょう。



### アイコンの移動

ホーム画面を表示しておく

**Point 好きな位置にアイコンを置ける**

従来のiOSではアイコンを左上から詰めるように配置する必要がありましたが、最新のiOS 18では画面右下など、タップしやすい位置や壁紙が見やすい位置に**自由にアイコンを配置**できます。

## アイコンを大きく表示

前ページの手順1を参考に、ホーム画面を編集できるようにしておく

❶［編集］をタップ

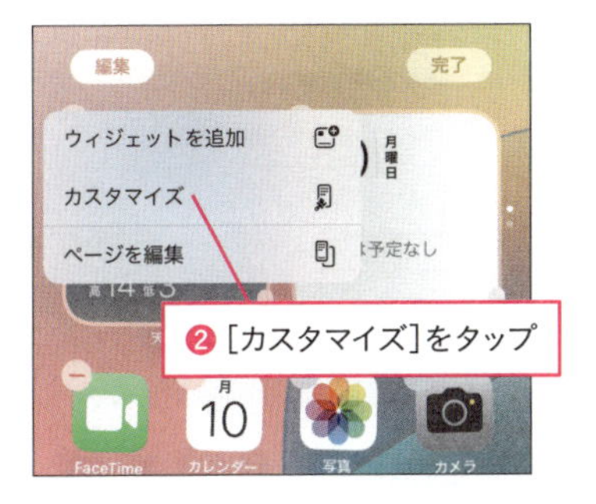


❷［カスタマイズ］をタップ

ホーム画面のアイコンを設定する画面が表示された

❸［大］をタップ

アイコンが大きくなった

❹ここをタップ

### ホーム画面の色合いを変更できる

アプリのアイコンの色調を変更できます。［ダーク］は対応するアプリのアイコンを暗い基調に変更し、［色合い調整］は**すべてのアイコンを指定した色合いに変更**します。

手順3の画面を表示しておく

［色合い調整］をタップ

スライダーをドラッグして色合いを変更できる

# 029 Webページに重なって表示される広告を消すには

## 気をそらす項目を非表示

iPhoneに標準で搭載されているブラウザー［Safari］には、Webページ上の特定の画像などを非表示にできる「気をそらす項目を非表示」という機能があります。広告で本文が読みにくいときに便利なので、使い方を覚えておきましょう。



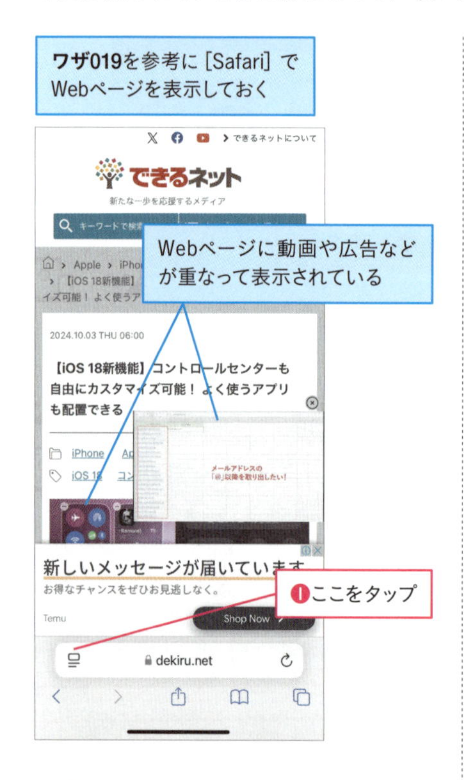


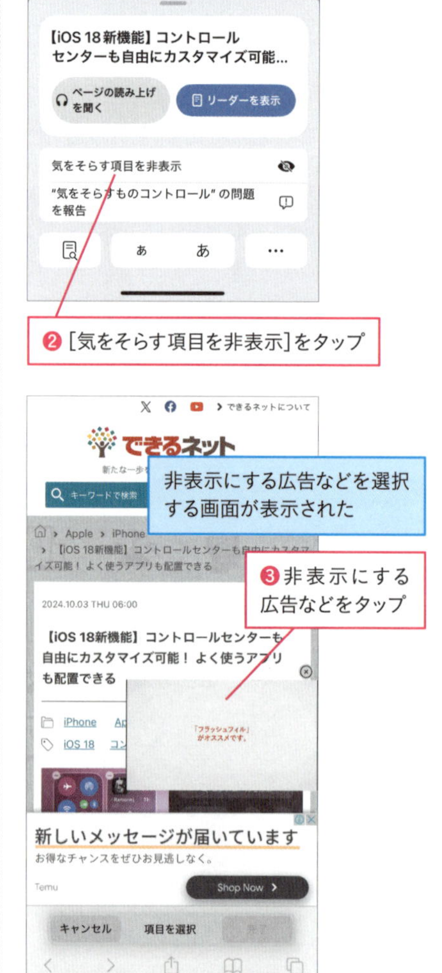

### 非表示にできる項目にはどんなものがあるの？

「気をそらす項目を非表示」の機能では、画像や動画、テキストなどを非表示にできます。広告以外も非表示にできるので、本文や必要なリンクなどを非表示にしないように注意しましょう。

❹［非表示］をタップ

選択した広告などの項目が非表示になった

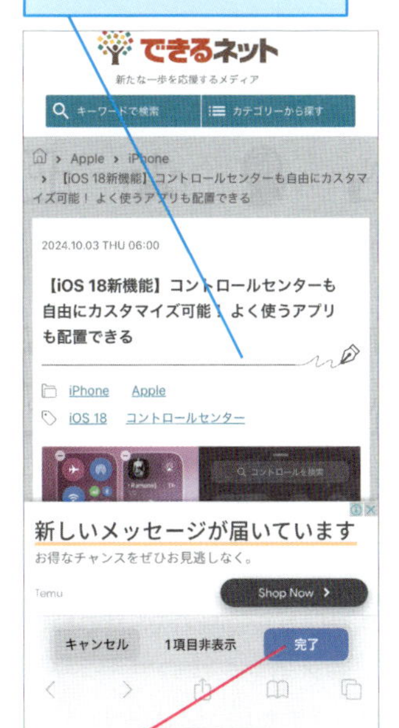


❺［完了］をタップ

Webページ内に非表示にされている項目があると、このアイコンが表示される

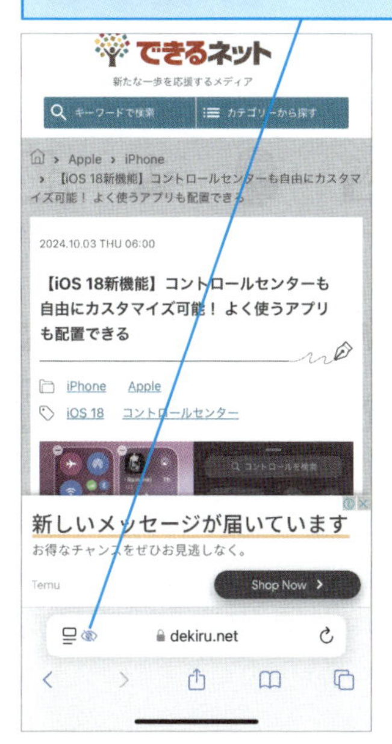

## Point 非表示にされた項目を元に戻すには

**非表示にした項目は、下記の手順で表示**できます。Webページで非表示にした項目がすべて無効になるため、必要に応じて、もう一度、非表示に設定する必要があります。

前ページの手順1を参考に、［Safari］のメニューを表示しておく

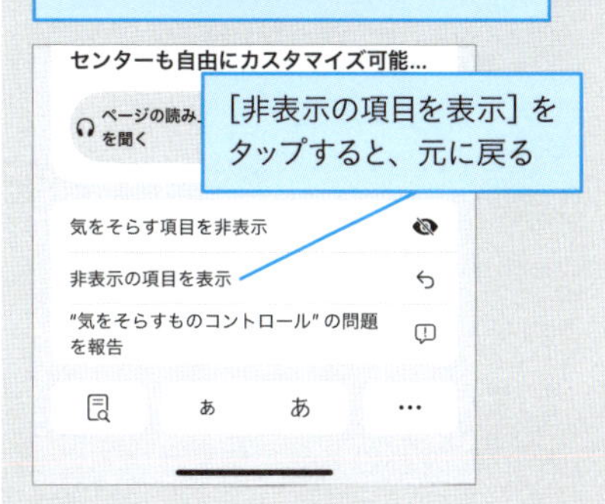


［非表示の項目を表示］をタップすると、元に戻る

# 030 安全にパスワードを管理するには

**[パスワード]アプリ**

各オンラインサービスの不正利用を防ぐには、長くて複雑なパスワードを用意し、サービスごとに使い分けるのが理想ですが、長いパスワードをいくつも管理するのは大変です。iPhoneのパスワード管理アプリの［パスワード］で管理しましょう。



## パスワードの保存

ここではSafariでログインしたWebサイトのパスワードを保存する

❶WebサイトのIDとパスワードを入力

会員ID
oku.taka
メールアドレスを会員IDとして登録している方以外は、
登録済みの会員IDを入力してください
会員パスワード
••••••••
ログイン情報を記憶する
ログインする
会員登録する(
member.impress.co.jp
完了

❷［ログインする］をタップ

❸［パスワードを保存］をタップ

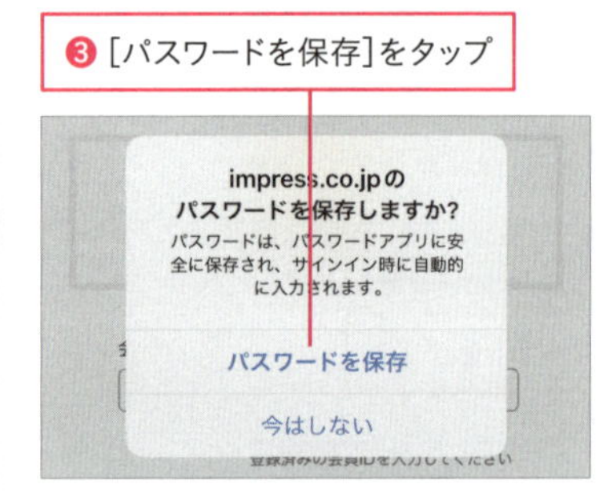


自動入力をオンにするかを確認する画面が表示された

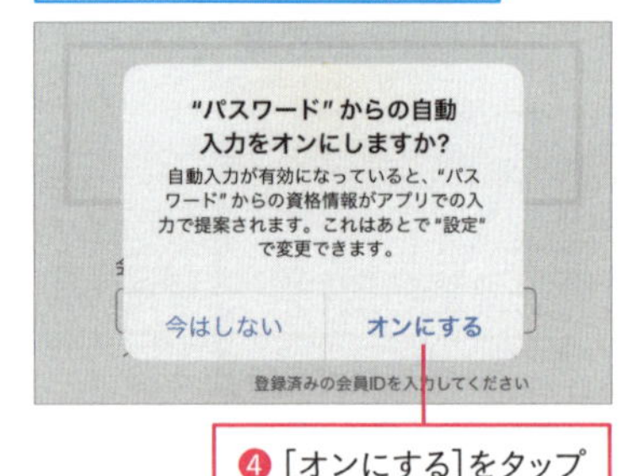


❹［オンにする］をタップ

**Point**

### パスワードを保存しても大丈夫?

［パスワード］に保存された情報は、iPhoneにロックがかけられていれば、アップルや専門機関でも容易にデータを取り出せないレベルのセキュリティが確保されています。パスコード（**ワザ082**）とFace ID（**ワザ083**）は必ず適切に設定し、紛失や盗難、パスコード入力の盗み見などには、普段から十分に気をつけるようにしましょう。

## 保存されたパスワードの利用

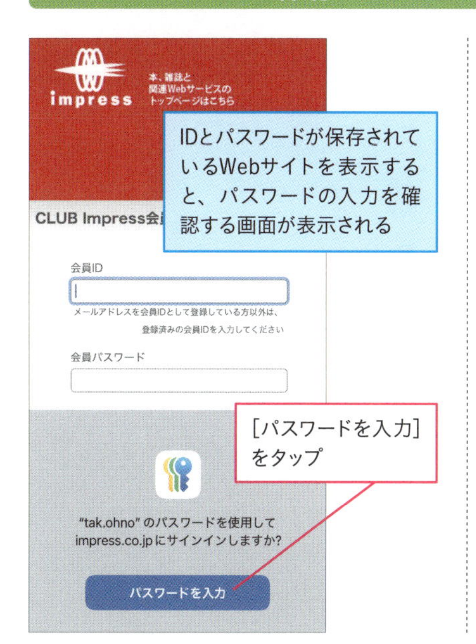


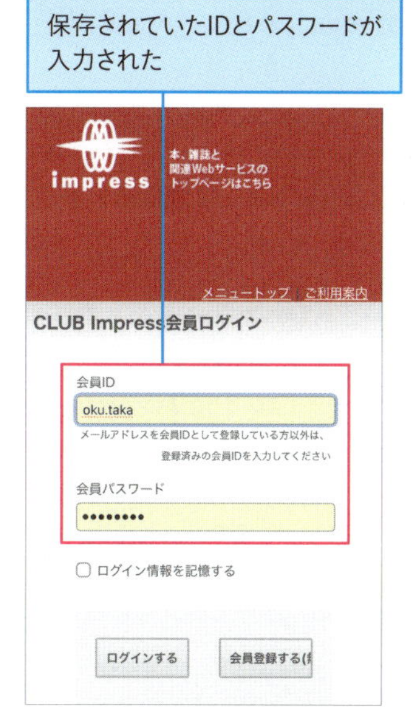


## パスワードの生成

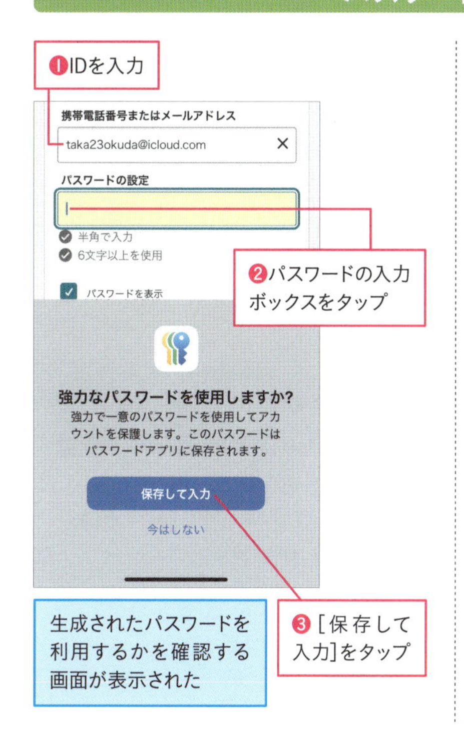


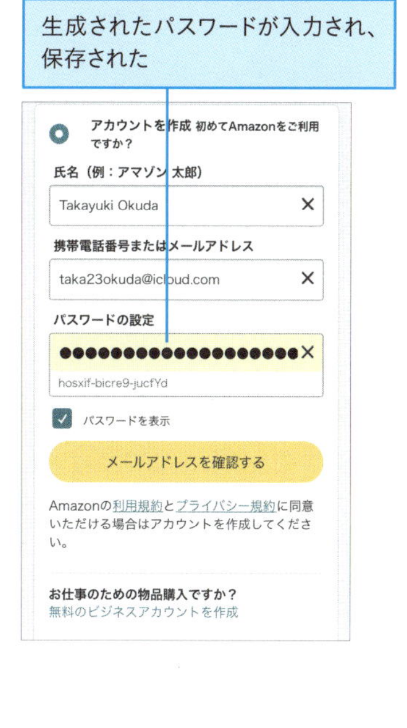


次のページに続く

## 保存されたパスワードの管理

ワザ007を参考に、[パスワード]アプリを起動しておく

[ようこそパスワードアプリへ]画面が表示されたときは[続ける]をタップ

[パスワードアプリの通知]画面が表示されたときは、[続ける]をタップし、通知を設定しておく

保存されたWebサイトとIDが表示された

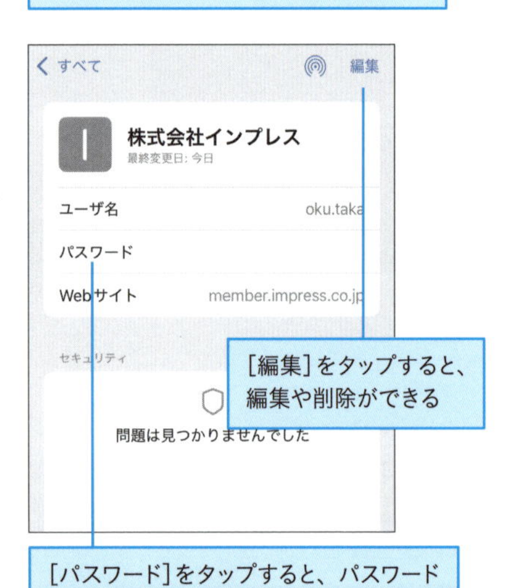


[パスワード]をタップすると、パスワードの表示とコピーができる

Point

### アプリ上でパスワードを作成することもできる

[パスワード]アプリでは下記の手順で、ユーザー名とパスワードを手動で記録できます。[パスワード]アプリは紙のメモ帳よりも安全性が高く、手元にiPhoneがあれば、いつでも参照できるので、宅配ロッカーの暗証番号やゲーム機で使うパスワードなどの記録にも便利です。

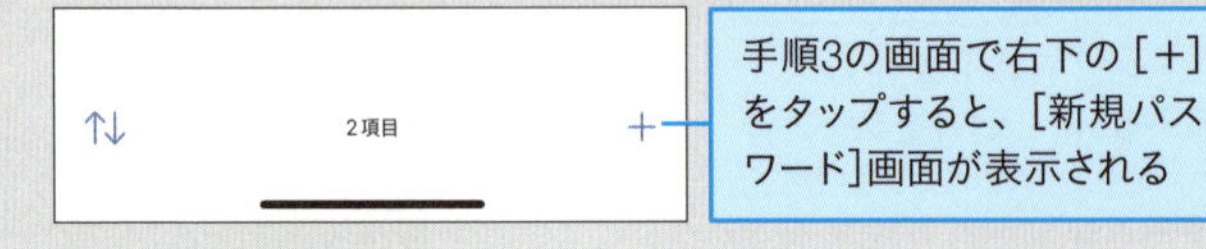


手順3の画面で右下の[+]をタップすると、[新規パスワード]画面が表示される

# 031 留守番電話に保存された伝言を文字で確認するには

**ライブ留守番電話**



iPhone 16eでは「ライブ留守番電話」という機能が利用できます。不在着信時などに応答する留守番電話機能ですが、相手が残した伝言メッセージの内容が自動的に文字起こしされ、テキストで確認することができます。

## ライブ留守番電話で伝言を保存

着信画面が表示され、一定時間経過すると、自動的に留守番電話に切り替わる

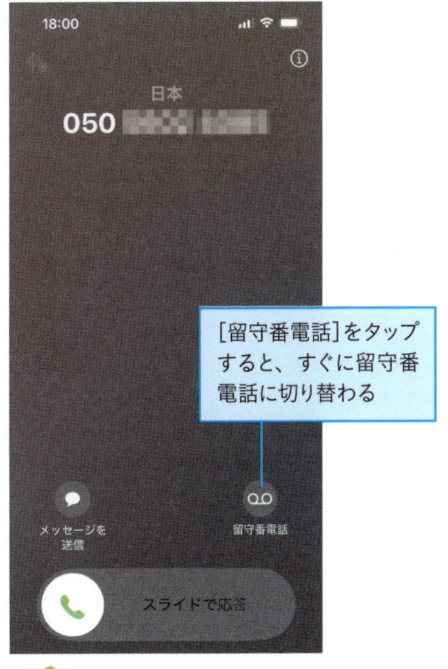


留守番電話の実行中は[留守番電話]と表示される

留守番電話に伝言が保存されると、伝言の内容が通知に表示される

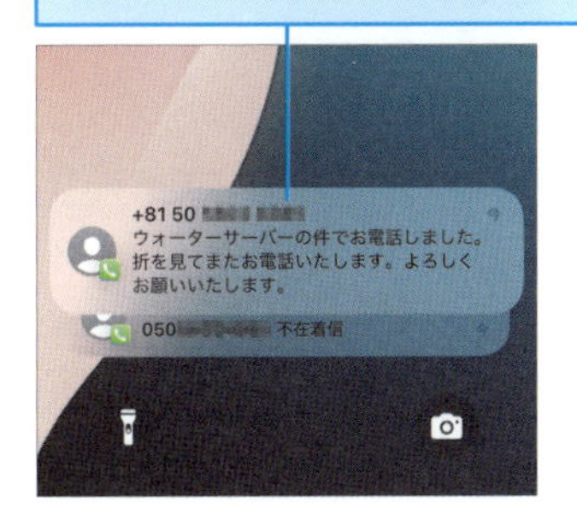

### 携帯電話会社の留守番電話サービスを利用しているときは

iPhoneで「ライブ留守番電話」が利用できるときは、各携帯電話会社で契約している留守番電話サービスを解約してもかまいません。ただし、「ライブ留守番電話」はiPhoneが圏外や電源が切れているときに利用できないので、そういったシーンでも利用したいときは、各携帯電話会社の留守番電話サービスの契約を検討しましょう。

次のページに続く

## 保存された伝言の確認

ワザ007を参考に、[電話]アプリを起動しておく

未確認の伝言があると、赤いアイコンで件数が表示される

❶[留守番電話]をタップ

### 録音ファイルは共有できる

手順2で伝言テキストを表示している画面で、右上の[共有]をタップすると、**録音ファイルをメールなどに添付**できます。伝言内容を他の人と共有したいときに便利です。

### ライブ留守番電話が使えないときは

ライブ留守番電話は［設定］アプリの［アプリ］-［電話］の［ライブ留守番電話］がオンのときに利用できます。また、**携帯電話会社の転送サービスなどが先に機能していないこと**も確認しましょう。

保存された伝言の一覧が表示された

❷伝言をタップ

保存された伝言が再生された

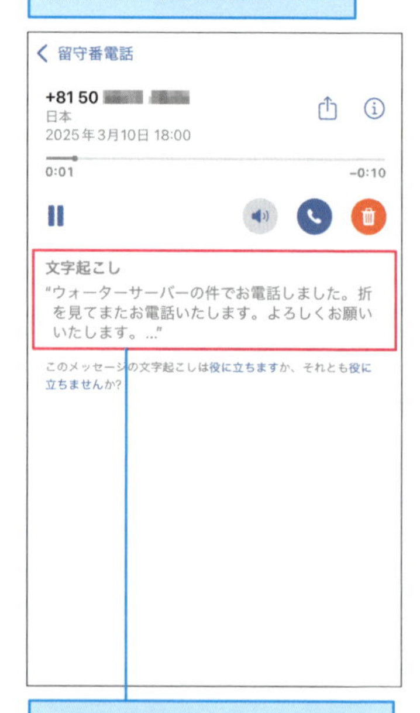


伝言の内容から文字起こしされたテキストが表示された

# 032 発信元がわからない電話が鳴らないようにするには

## 不明な発信者を消音

iPhone 16eでは［不明な発信者を消音］をオンにすると、連絡先に未登録で過去にやり取りのない番号から電話がかかってきても着信音が鳴らなくなります。迷惑電話対策に有効ですが、必要な電話を受けられなくならないように注意しましょう。

ワザ023を参考に、［設定］画面を表示しておく

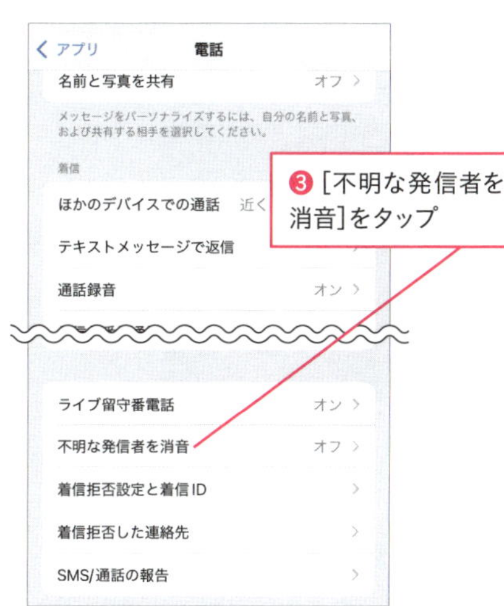


❹［不明な発信者を消音］のここをタップして、オンに設定

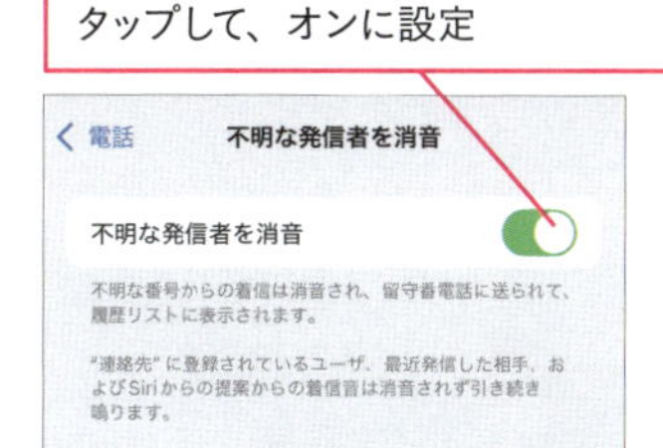

### 必要な電話の着信がないかを確認しよう

消音となった着信も着信履歴には残り、ライブ留守番電話（ワザ031）で相手はメッセージを残せます。必要な着信を見逃していないかをあとで確認しましょう。ただし、警察や銀行などを名乗る電話は、詐欺の可能性が高いので、折り返すときはインターネットなどで電話番号を検索し、正しい電話番号であることを確認してから、かけ直すようにしましょう。

# 033 写真から特定の被写体を消すには

## クリーンアップ

写真の背景に写ってしまった他人や余計なものを消去できます。ただし、AIで生成した背景で塗りつぶすので、広い範囲を消すと、不自然になることもあります。元の写真は残され、手順4の画面にある［リセット］で戻すことができます。



ワザ022を参考に写真を表示しておく

❶ここをタップ

アイコンが表示されていないときは写真をタップする

写真のメニューが表示された

❷［クリーンアップ］をタップ

写真から削除できる被写体が強調して表示される

❸削除する被写体をタップ

タップした被写体が削除された

❹ここをタップ

写真が保存される

# 034 Apple Intelligenceって何？

## Apple Intelligenceでできること

Apple Intelligenceは、生成AI技術を使うことで、通知やSiriなどの基本機能や各アプリをより使いやすくしてくれる機能です。本書の執筆時点ではまだ開発中でもあり、今後のアップデートで機能や精度が強化されていく予定です。

▼Apple Intelligence - Apple（日本）

## 主なApple Intelligenceの機能

| 機能 | 概要 |
| --- | --- |
| 作文ツール | メールやメモなど文章を作成・編集するアプリで、書いた文章を校正したり、要約文を作成したりできる。一部の機能はChatGPTのオンラインサーバーで処理され、より高精度な文章作成が可能。 |
| [写真]の強化 | [写真] アプリで「誰が何をしている」といった自然文で写真や動画を検索できる。自然文で指定したテーマに基づいて、スライドショーを作る[メモリームービー]機能も利用できる。 |
| 通知の整理 | 各アプリからの通知内容をiPhoneが解釈し、重要な通知を優先的に表示したり、要約して通知する。[集中モード]（**ワザ088**）では必要性の高い通知のみを表示する[さまたげ低減]が利用できる。 |
| [メール]の強化 | [メール] のメールボックス画面で各メールの概要が表示され、長文メールを要約する機能も搭載される。[Safari] のリーダー表示（**ワザ050**）ではWebページの本文を短く要約する機能が利用できる。 |
| Image Playground | いくつかの単語や [写真] アプリの [ピープル] からイラストを生成できる。メッセージに貼るスタンプを作ったり、[メモ] で書いたスケッチを変換したりすることもできる。 |
| Siriの強化 | 「Siri」（**ワザ087**）が強化され、言いよどんだりしても認識できるようになる。今後はユーザーがiPhoneで何をしているか、何をしたいかを認識してアシストするような機能も追加予定。 |

# 035 コントロールセンターを使いやすく設定するには

## コントロールセンターのカスタマイズ

コントロールセンター(**ワザ009**)は各機能の配置やサイズを変えたり、機能を追加したりできます。よく使う機能を大きくしたり、使わない機能は削除したりして、自分好みにカスタマイズしてみましょう。



### コントロールの移動

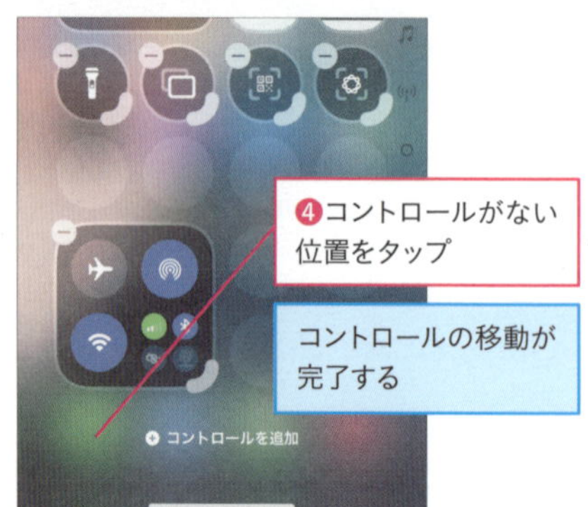

## コントロールのサイズ変更

前ページの手順を参考に、コントロールの編集画面を表示しておく

ハンドルを右にドラッグ

コントロールのサイズが変更された

前ページの手順を参考に、コントロールの移動を完了しておく

### コントロールを追加できる

コントロールセンターには**さまざまな機能（コントロール）を追加**できます。手順1の画面で［+］をタップし、下段の［コントロールを追加］をタップします。表示された一覧で追加したいコントロールをタップすると、コントロールセンターに追加されます。また、同様の手順で一覧からアプリをタップして、アプリを追加することもできます。

コントロールの編集画面を表示しておく

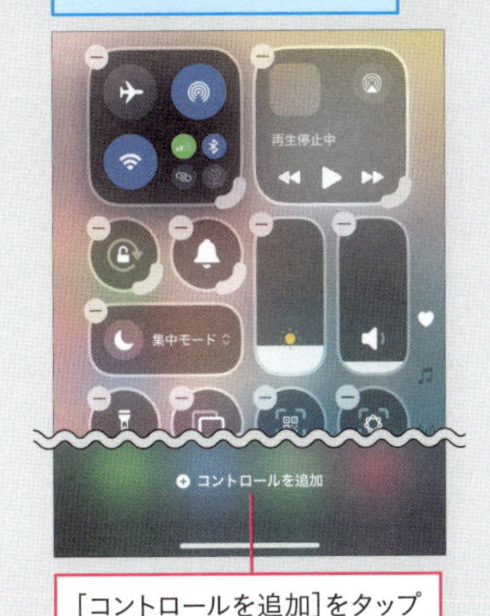


［コントロールを追加］をタップ

コントロールの一覧が表示された

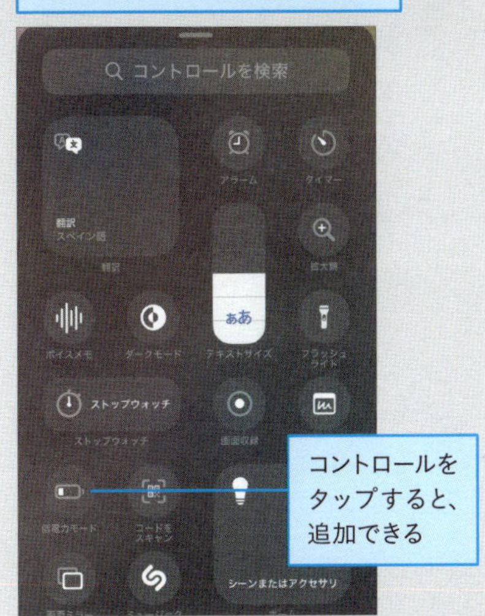


コントロールをタップすると、追加できる

# 036 アクションボタンを使いこなすには

**アクションボタン**

左側面のアクションボタンには、出荷時に［消音モード］が設定されていますが、任意の機能やアプリを割り当てることができます。［設定］の画面の［アクションボタン］で、他の機能を選んで、設定します。



ワザ023を参考に、［設定］の画面を表示しておく

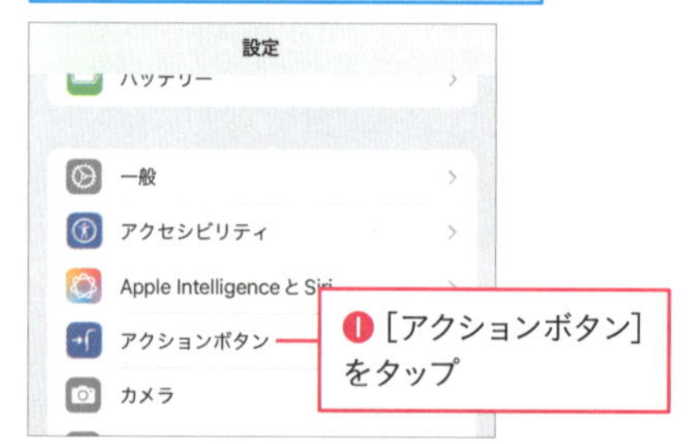

## 細かく設定することもできる

アクションボタンの割り当てで［ショートカット］を選び、［アプリを開く］から、特定のアプリをアクションボタンで起動するように設定できます。

［ショートカットを選択］をタップすると、アクションボタンにアプリなどを割り当てられる

ここではフラッシュライトが起動するように設定する

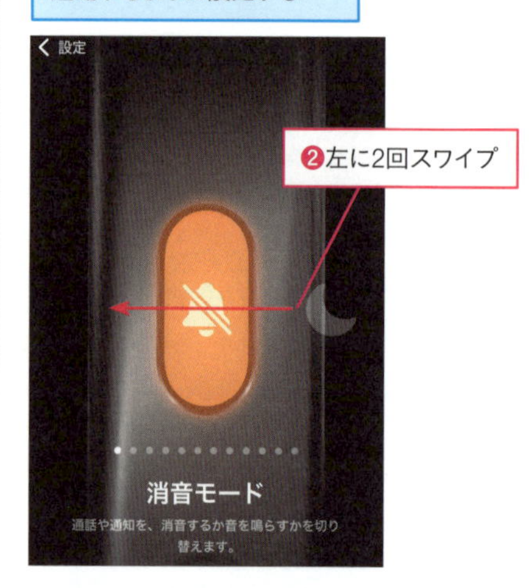


［カメラ］と表示され、アクションボタンでカメラを起動できるようになった

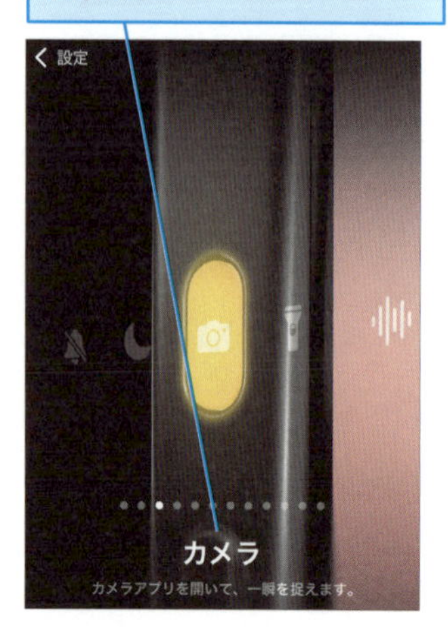

# 第4章

# 電話＆メールで役立つ便利ワザ

# 037 発着信履歴を確認するには

**電話の履歴**

電話をかけたときやかかってきたときの相手の電話番号は、日付や時刻とともに［電話］アプリの［履歴］に記録されています。確認前の不在着信（応答できなかった電話）や留守番電話の件数は、画面下の［履歴］や［留守番電話］などに表示されます。



**ワザ014**を参考に、［電話］を起動しておく

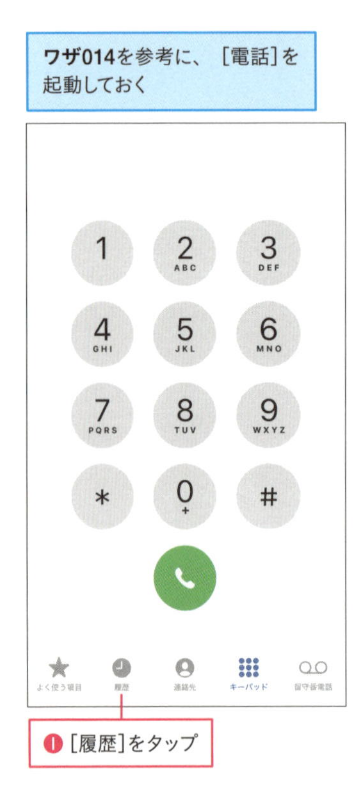

❶［履歴］をタップ

不在着信は赤く表示される

❷電話番号をタップ

電話が発信される

**Point**

**発着信履歴から電話番号を連絡先に登録するには**

発着信履歴のⓘをタップすると、その履歴の詳細が表示され、その詳細画面から相手の電話番号を連絡先に登録することができます。連絡先の登録方法は、**ワザ039**で解説します。発着信履歴の電話番号をタップすると、その電話番号に発信されるので、注意しましょう。

# 038 着信音を鳴らさないためには

消音モード

会議中など、着信音を鳴らしたくないときでは、消音モードに切り替えます。iPhone 16eでは、左側面のアクションボタン（ワザ036）に「消音モード」を割り当てるか、「集中モード」（ワザ088）を利用しましょう。

## 消音モードの切り替え

### Point 絶対に着信音を鳴らしたくないときは

どうしても着信音を鳴らしたくないときは、機内モードに切り替えた上で電源を切りましょう。機内モードに切り替えただけでは、設定したアラームやタイマーが鳴ってしまうので、注意が必要です。緊急の連絡だけは受けたいときは、「集中モード」（ワザ088）を活用しましょう。

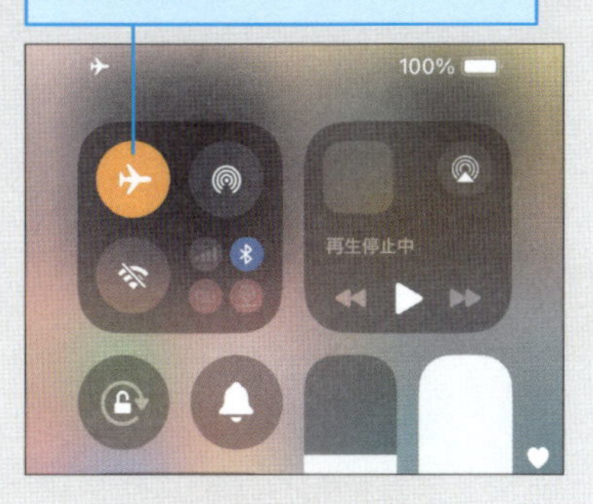


次のページに続く

## バイブレーションの設定

ワザ023を参考に、[設定] の画面を表示しておく

❶画面を下にスクロール

❷［サウンドと触覚］をタップ

［サウンドと触覚］画面が表示された

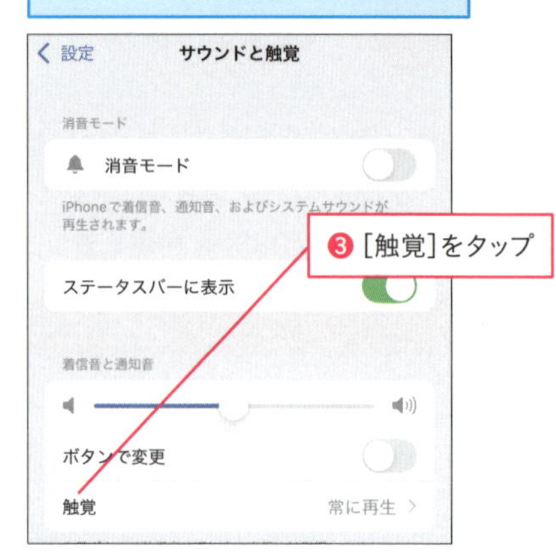


❸［触覚］をタップ

バイブレーションの設定をタップして選択

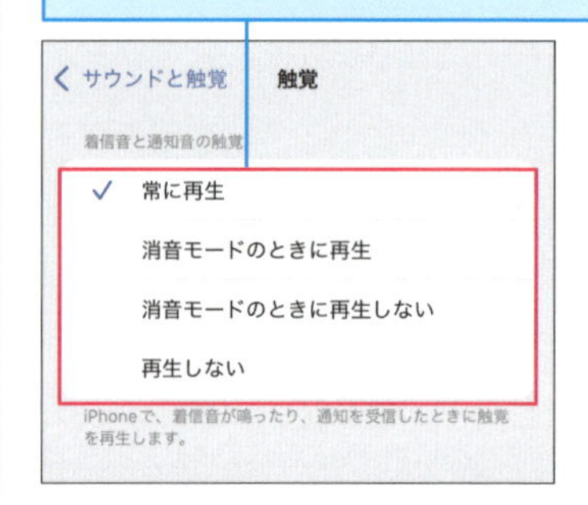

### 音量ボタンで着信音を変えるには

手順3の画面で［ボタンで変更］がオフになっていると、左側面の音量ボタンで動画や音楽などの音量を調整できますが、着信音の音量はこの画面でしか調整できません。[ボタンで変更]をオンにすると、音量ボタンで着信音と通知音を調整できますが、動画や音楽の音量は再生中にしか調整できなくなります。

### 連絡先ごとに着信音を設定できる

ワザ039の［新規連絡先］の画面で［着信音］や［メッセージ］の項目をタップして、［デフォルト］以外の音を選ぶと、その連絡先からの電話やメッセージだけ、［設定］の画面の［サウンドと触覚］で設定された共通の着信音とは別の着信音や通知音が鳴るように設定できます。

# 039 連絡先を登録するには

## 連絡先の登録

iPhoneには電話帳やアドレス帳として使える［連絡先］が搭載されています。よく連絡を取る家族や友だちを登録しておくと、簡単に電話やメールを発信でき、着信時には相手の名前が表示されて便利なので、ぜひ活用しましょう。

### 新しい連絡先の登録

ワザ014を参考に、［電話］を起動しておく

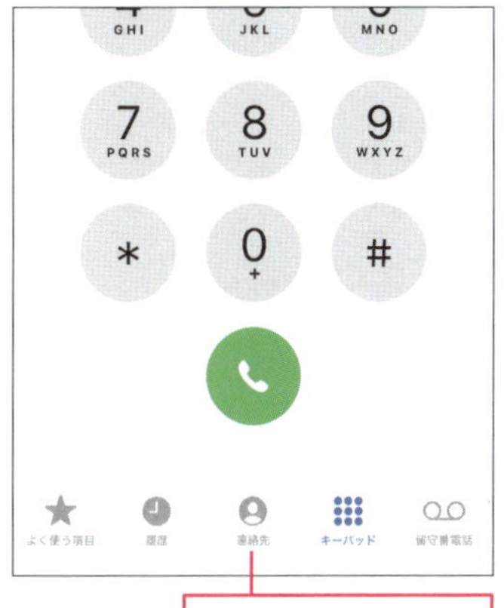


❶［連絡先］をタップ

❷ここをタップ

❸氏名と読みを入力

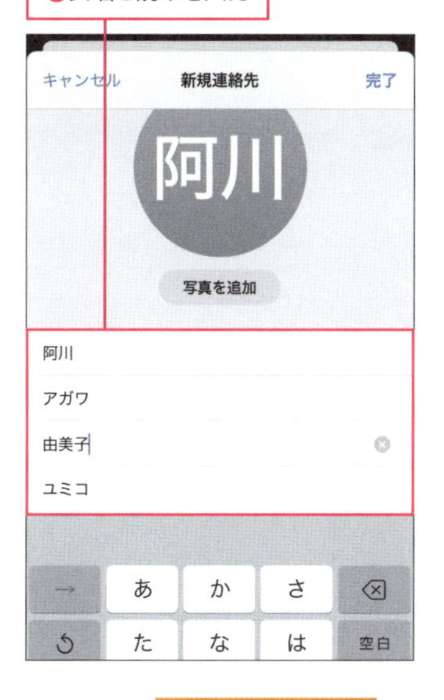


次のページに続く

**Point** 自分の連絡先を登録するには

手順2の画面で［マイカード］をタップすると、自分の連絡先が表示されます。未登録のときは、iCloudの設定などから、Siriが自動検出した自分の名前や電話番号、メールアドレスが候補として表示され、それをタップすることで、簡単に登録できます。次ページのPointを参考に、再編集することもできます。

❹［電話を追加］をタップし、電話番号を入力

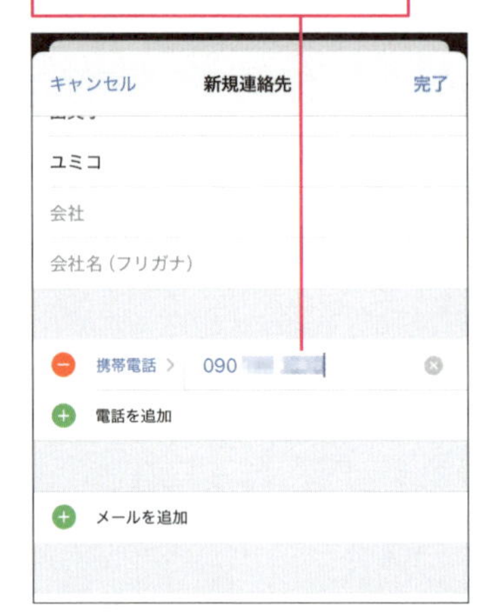


❺［メールを追加］をタップし、メールアドレスを入力

❻［完了］をタップ

新しい連絡先が追加され、連絡先の詳細が表示された

❼ここをタップ

連絡先をタップすると、詳細画面が表示される

検索フィールドで連絡先を検索できる

### 連絡先を編集するには

連絡先の内容を表示している手順7の画面で、右上の［編集］をタップすると、内容を修正したり、追加したりできます。自宅の電話番号や住所、誕生日などを登録しておけば、連絡するときだけでなく、さまざまな場面で役に立ちます。

## 発着信履歴から連絡先に登録

ワザ037を参考に、発着信履歴を表示しておく

❶登録する番号のⓘをタップ

❷［新規連絡先を作成］をタップ

❸連絡先の情報を入力

❹［完了］をタップ

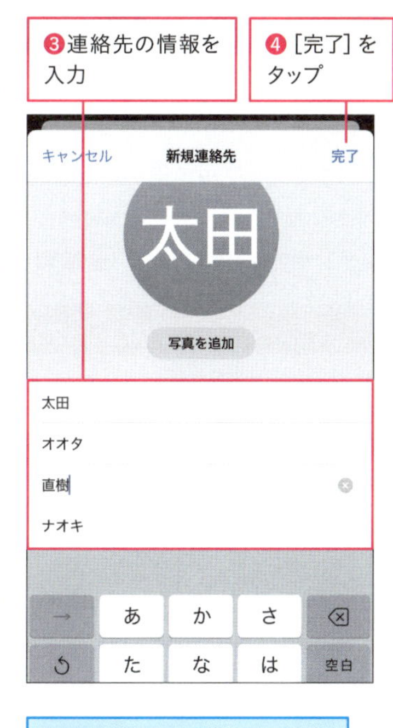


電話番号は自動的に追加される

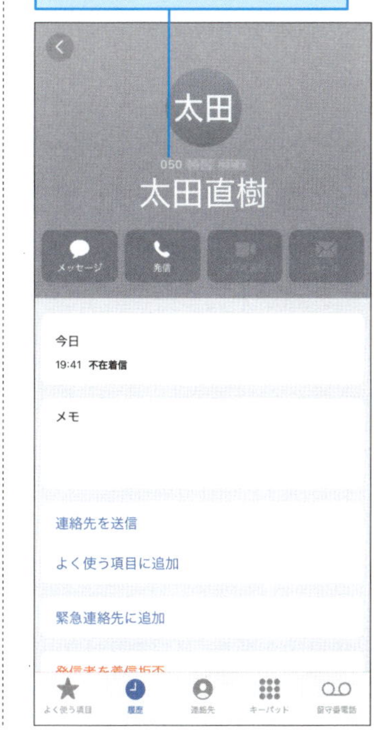


**Point**

### ［よく使う項目］を使うには

右の画面で［よく使う項目に追加］をタップすると、その連絡先を［よく使う項目］に追加できます。［よく使う項目］は自分や家族の勤務先など、**頻繁に電話をかける連絡先を追加しておく場所**で、［連絡先］の画面左下の［よく使う項目］をタップすると、表示されます。

# 040 FaceTimeでビデオ通話をするには

FaceTime

「FaceTime（フェイスタイム）」はアップルが提供するビデオ通話サービスです。iPhoneやiPad、アップル製品同士なら、電話と同じような操作で使えます。データ通信を利用するので、データ定額プランやWi-Fiを使えば、追加料金なしで通話ができます。



## FaceTimeの設定の確認

ワザ023を参考に、[設定]の画面を表示しておく

❶画面を下にスクロール

❷[アプリ]をタップ

[アプリ]画面が表示された

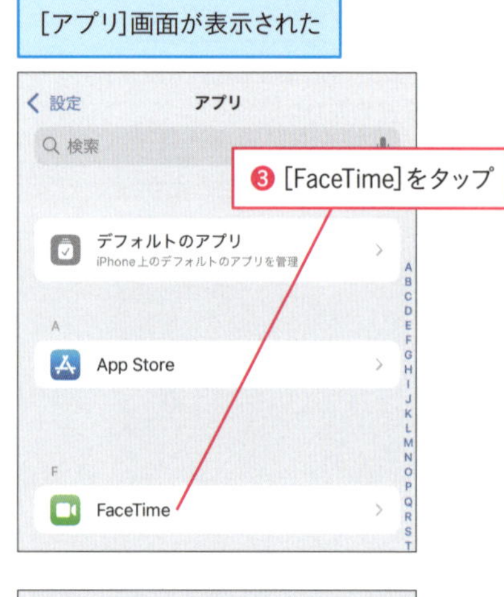


❸[FaceTime]をタップ

❹[FaceTime]がオンになっていることを確認

### 音声のみでもFaceTimeを利用できる

次ページの連絡先の詳細画面で、[FaceTime]の右にある📞をタップすると、ビデオなしの音声のみでFaceTimeを発信できます。データ通信を利用するため、国際通話では通話料を大幅に節約できます。

## FaceTimeの開始

**ワザ039**を参考に、発信先の連絡先の詳細画面を表示しておく

[ビデオ通話]をタップ

ここをタップしてもいい

相手のiCloudメールアドレスを登録済みのときは、電話番号か、メールアドレスを選択できる

### 相手の画面

FaceTimeの着信画面が表示された

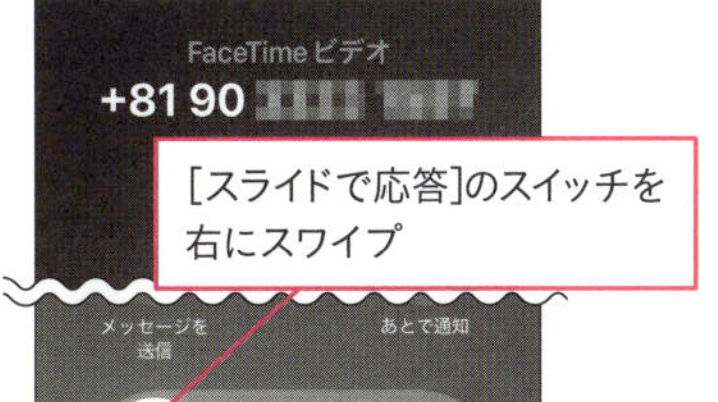


[スライドで応答]のスイッチを右にスワイプ

ビデオ通話が開始される

相手が応答すると、ビデオ通話が開始される

ここをタップすると、通話が終了する

ここをタップすると、自分の映像を背面カメラに切り替えられる

**FaceTimeのアイコンが表示されていないときは？**

連絡先に[FaceTime]の項目が表示されていないときは、相手がiPhoneなどを利用していないか、前ページの手順で[FaceTime]の設定がオフ、あるいは相手の[FACETIME着信用の連絡先情報]が連絡先に登録されていない状態です。相手がFaceTimeを利用可能かどうかを確認しましょう。

# 041 携帯電話会社のメールアドレスを確認・変更するには

**携帯電話会社のメール**

携帯電話会社が提供するメールサービスのメールアドレスは、新規契約時にはランダムな文字列が割り当てられています。すでに使っている人は変更する必要はありませんが、はじめて使う人は、ほかの人に伝えやすいメールアドレスに変更しましょう。



## ドコモメールのメールアドレスを確認・変更する

### STEP 1 [メール設定]の画面を表示する

▼[My docomo] Webサイト

**ワザ023**を参考に、Wi-Fi(無線LAN)をオフにしておく。Safariで[My docomo]を表示し、トップ画面にある[メール・各種]をタップする。[メール設定]-[設定を確認・変更する]の順にタップする。

### STEP 2 spモードパスワードを入力する

[パスワード確認]画面で「spモードパスワード」を入力する。

**spモードパスワードって何?**

spモードパスワードは4桁の数字で、はじめて使うときは「0000」が設定されています。契約時に設定したネットワーク認証番号とは別のものなので、間違えないようにしましょう。

### STEP 3 メールアドレスを変更する

[メール設定]画面で「メール設定内容の確認」をタップすると、変更前のメールアドレスが表示される。「メールアドレスの変更」をタップし、「続ける」をタップするとメールアドレスの変更画面が表示される。希望するメールアドレスを入力し、「確認する」をタップする。メールアドレスの変更を確認する画面が表示され、「設定を確認する」をタップすると、メールアドレスが変更される。

**メールアドレスの変更は慎重に行なおう**

ドコモメールのメールアドレスは、1日3回まで変更できますが、変更後に**ワザ026**で説明したプロファイルをダウンロードし直す必要があります。設定をやり直すと、それまでに受信したメッセージR/Sが削除されてしまいます。何度もメールアドレスを変更しないで済むように、メールアドレスの変更は慎重に行ないましょう。

## auメールのメールアドレスを確認・変更する

**STEP 1**

### [メールアドレス変更] の画面を表示する

▼[メールアドレス変更] Webページ

**ワザ023**を参考に、Wi-Fi (無線LAN) を有効にしておく。右記のQRコードを参考にし、[メールアドレス変更] のWebページを表示する。画面をスクロールし、[メール設定]をタップする。

**STEP 2**

### [メール設定] の画面を表示する

[メール設定] 画面が表示される。表示された画面にある[メールアドレス変更・迷惑メールフィルター・自動転送]をタップし、[メールアドレスの変更へ]をタップする。

**STEP 3**

### 暗証番号を入力する

[メール設定 暗証番号入力] 画面が表示される。契約時に登録した暗証番号を入力し、[送信]をタップする。アドレス変更の注意事項を確認し、[承諾する]をタップする。

**STEP 4**

### メールアドレスの変更を実行する

メールアドレスのより前の部分を入力する画面が表示される。希望するメールアドレスを入力し、[送信] をタップする。変更後のメールアドレスを確認する画面が表示されるので、[OK]をタップする。

**STEP 5**

### MMS のメールアドレスの設定

**ワザ023**を参考に、[設定]の画面を表示する。[アプリ] - [メッセージ] の順にタップし、[MMSメールアドレス] にメールアドレスを入力する。入力後は左上の[アプリ]をタップして設定を完了しておく。

### メールアドレスを変更したときは

auメールのメールアドレスを変更したときは、iPhoneにプロファイルをインストールし直す必要があります。まず、[設定]の画面の[一般] - [VPN・デバイス管理] で[○○○@au.com] (@ezweb.ne.jp) をタップし、[プロファイルを削除] で該当するプロファイルを削除します。その後、**ワザ026**の手順で、新しいプロファイルをダウンロードしましょう。

次のページに続く

## ソフトバンクのMMSのメールアドレスを確認·変更する

**STEP 1**

### [My SoftBank] の Web サイトを表示

▼[My SoftBank] Webページ

**ワザ023**を参考に、Wi-Fi (無線LAN) をオフにしておく。プロファイルがインストールされている場合は、ホーム画面のアイコンから [My SoftBank] のWebページを表示する。

**STEP 2**

### [メール管理] 画面を表示する

**ワザ026**を参考に、[My SoftBank] のWebサイトにログインしておく。トップページにある [メール設定] をタップする。

**STEP 3**

### メールアドレスの変更画面を表示する

[メール管理] 画面が表示される。[[S]メール (MMS)] の [確認·変更] をタップする。SoftBank IDのパスワードを入力する画面が表示されたときは、画面の指示に従って操作する。

**STEP 4**

### 新しいメールアドレスを入力する

現在のメールアドレスが表示され、「[メールアドレスの変更]」画面が表示される。新しいメールアドレスを入力し、[次へ] をタップする。変更されるメールアドレスの確認画面が表示されるので、問題がなければ、「変更する」をタップする。

**STEP 5**

### メールアドレスの変更が完了する

「メールアドレスを変更しました。」と表示され、メールアドレスの変更が完了した。

**STEP 6**

### MMS のメールアドレスの設定

**ワザ023**を参考に、「設定」の画面を表示する。[アプリ] - [メッセージ] の順にタップし、「MMSメールアドレス」にメールアドレスを入力する。入力後は左上の [アプリ] をタップして、設定を完了しておく。

### ワイモバイルのメールは [Yahoo!メール] アプリを使う

ワイモバイルが提供する「Y!mobile メール」は、「△△△@yahoo.ne.jp」のメールアドレスを使い、App Storeから [Yahoo!メール] からインストールして、利用します。従来の携帯電話と同じMMSのメールサービスも提供されていて、「MyY!mobile」の設定サポートから設定します。詳しくは以下のWebページを参照してください。

**▼ワイモバイルスマホ初期設定方法「メール」**
https://www.ymobile.jp/yservice/howto/iphone/mail/

## 楽天モバイルの楽メールのメールアドレスを確認・変更する

### STEP 1 [my 楽天モバイル] アプリの起動

▼[my楽天モバイル]アプリ

**ワザ026**を参考に、[my楽天モバイル]アプリをインストールしておく。アプリを起動し、楽天IDとパスワードを入力し、ログインを完了する。

### STEP 2 [楽メール設定] 画面を表示する

ホーム画面をスクロールし、[メールアドレス設定]をタップする。

### STEP 3 新しいメールアドレスを入力する

[楽メール設定] 画面が表示される。新しいメールアドレスを入力し、[確認画面へ進む] をタップする。[楽メール設定内容のご確認] 画面が表示され、新しいメールアドレスへの変更を確認する画面が表示された。[設定を完了する]をタップする。

### STEP 4 メールアドレスの変更が完了する

「設定が完了しました」と表示され、メールアドレスの変更が完了した。

### STEP 5 [Rakuten Link] アプリの準備

▼[Rakuten Link]アプリ

App Storeから[Rakuten Link] アプリをインストールしておく。アプリを起動後、楽天IDとパスワードを入力し、サインインする。

### STEP 6 楽メールが利用できることを確認する

[Rakuten Link] アプリのホーム画面下部にある[楽メール] をタップする。楽メールをはじめて利用するときは利用規約の画面が表示される。[同意してはじめる] をタップし、[メールアドレスを取得] をタップする。メールアドレスの設定が完了すると、楽メールの受信トレイが表示される。

**楽メールは [Rakuten Link]のみで利用できる**

楽天モバイルで提供する「楽メール」は、[Rakuten Link] アプリから利用します。Gmailのように、Safariなどのブラウザーから利用したり、iPhoneの[メール]アプリから利用することはできません。

# 042 [メール]でメールを送るには

## メールの送信

[メール] アプリを使って、家族や友だちにメールを送ってみましょう。[メール] アプリはiCloud (ワザ024) や携帯電話会社のメール (ワザ041)、[設定] から追加したメールアカウントのメールなどを送受信できます。



ホーム画面を表示しておく

❶[メール]をタップ

["メール"の新機能] の画面が表示されたときは、[続ける]をタップする

[メールプライバシー保護] の画面が表示されたときは、["メール"でのアクティビティを保護] - [続ける]の順にタップする

通知についての画面が表示されたときは、[許可]をタップする

ここをタップすると、各メールボックスの[受信]の画面が表示される

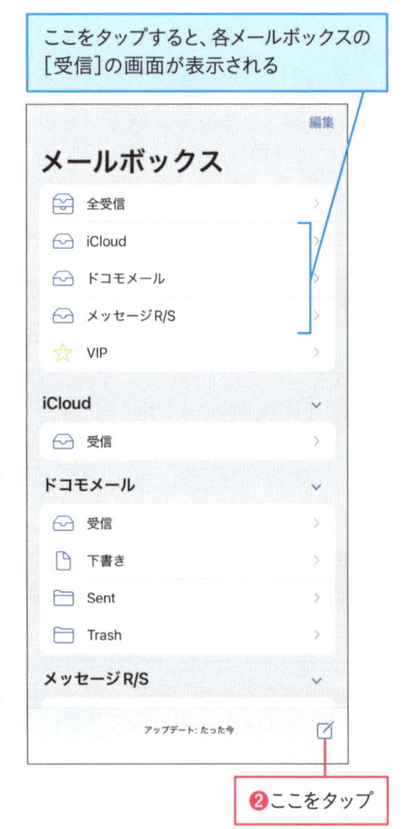


❷ここをタップ

### 絵文字は送れないの?

iPhoneの [メール] は絵文字の送受信ができますが、相手がiPhone以外のときは、異なるデザインの絵文字が表示されたり、絵文字が正しく表示されないことがあります。

### CcやBccは何に使うの？

CcやBccは同じメールを宛先以外の相手にも同時に送りたいときに利用します。宛先にも複数の相手を指定できますが、仕事の同僚など、メールの主な送り先ではないが、同じ情報を共有したいというときなどに、CcやBccを使います。Ccに指定されたメールアドレスは、メールを受け取ったすべての相手が確認できますが、Bccに指定されたメールアドレスは、Bccに指定された相手を含め、確認できません。

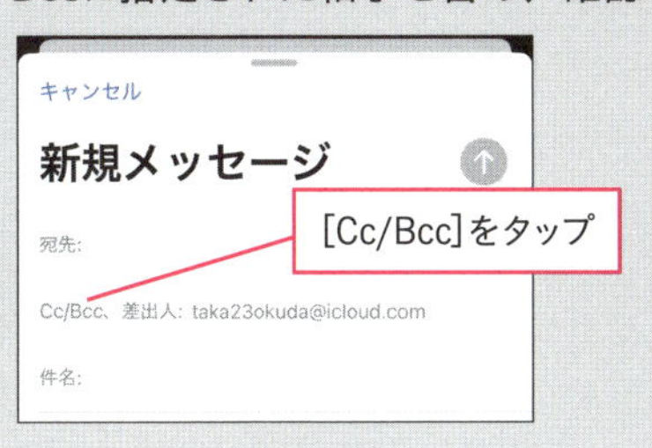


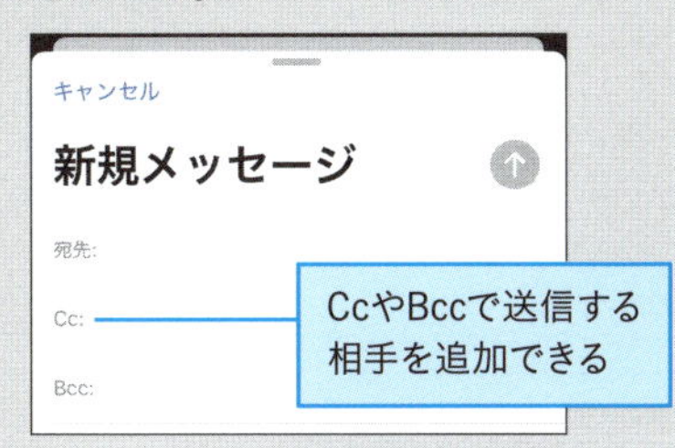


❸ここをタップ

[あとで送信]の説明が表示されたときは、[×]をタップする

❹上下にスワイプして、メールを送信する連絡先をタップ

メール送信先を選択
リスト iCloud キャンセル
検索
さ
多田宏
な
西山幸子
は
藤沼隆行
堀口啓
ま
村上真琴
や
吉田恵一
わ
渡辺由美

次のページに続く

メールの送信先を追加できた

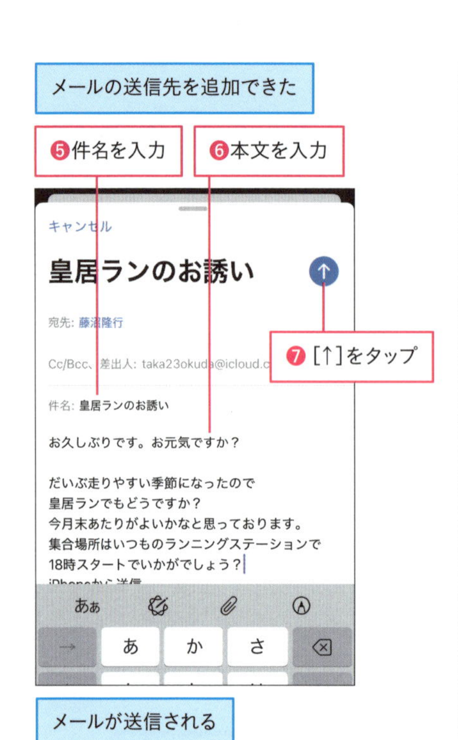


メールが送信される

**送信元のメールアドレスを変更するには**

iCloudや携帯電話会社のメールなど、複数のメールサービスを利用しているときは、前ページの手順3で［差出人］のメールアドレスを2回タップすることで、どのメールアドレスからメールを送信するかを選ぶことができます。

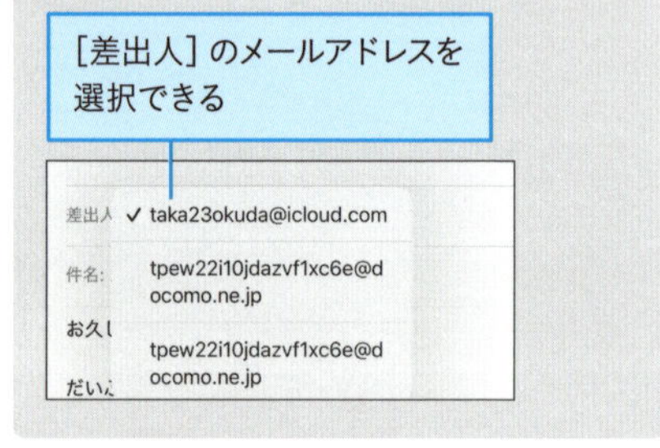

**書きかけのメールを一時的に閉じておける**

作成中のメールは、書きかけの状態で一時的に閉じておくことができます。ほかのメールを参照しながら、メールを作成したいときに便利です。iCloudやGmailなど、クラウドサービスで提供されているメールサービスでは、［キャンセル］をタップして、［下書きを保存］をタップすると、サーバー上に下書きを保存することができます。

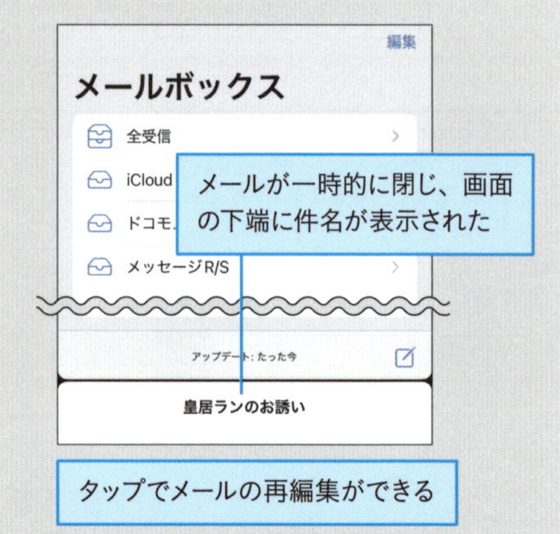

# 043 メールに写真を添付するには

## 写真の添付

iPhoneで撮影した写真やビデオをメールに添付し、送信することができます。写真を添付したメールを送信するときは、その写真のサイズを縮小するかどうかを選ぶこともできます。

ワザ042を参考に、メールの作成画面を表示しておく

❶ここをタップ

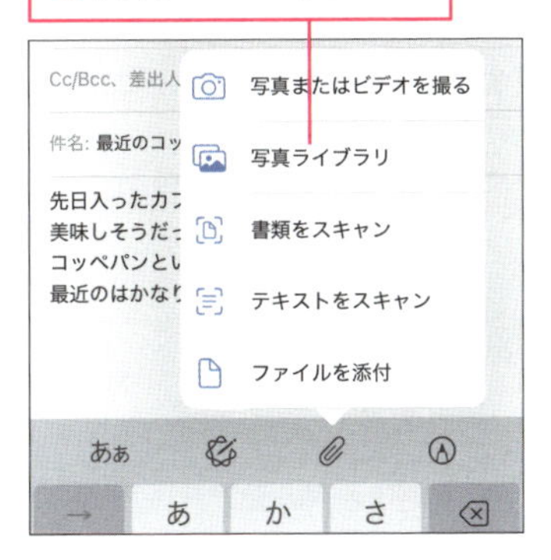


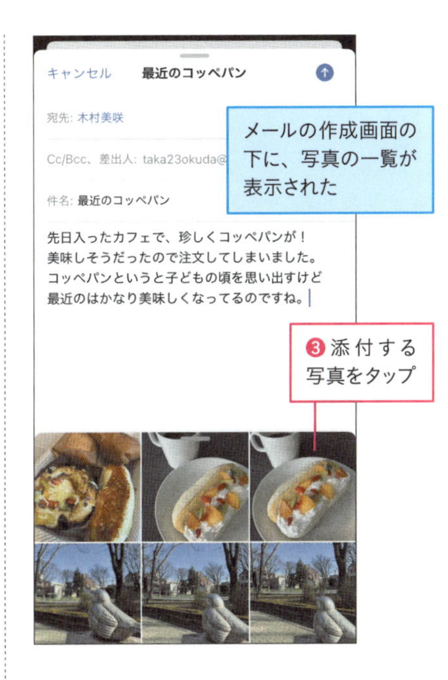


**Point**

### 写真を選び直したいときは

手順4で添付する写真を選び直したいときは、もう一度、手順1から操作し直します。上の画面が表示されるので、選んだ写真をタップしてチェックマークを外し、新たに添付したい写真をタップすれば、選び直すことができます。

次のページに続く

選択した写真が添付された

❹写真の一覧を下にスワイプ

メールの作成画面に戻った

## 複数の写真をまとめて添付できる

前ページの手順2の画面で複数の写真をタップすると、複数の写真をメールに添付できますが、[写真]アプリからも同じように操作ができます。[写真]アプリを起動し、右の手順に従って、添付したい写真を選び、[メール] をタップすると、写真が添付されたメールが作成されます。

[写真]を起動しておく

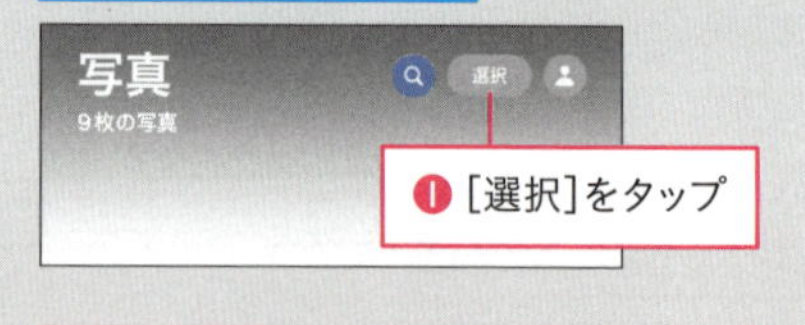


❶[選択]をタップ

❷添付する複数の写真をタップして、チェックマークを付ける

❸ここをタップ

❹[メール]をタップ

# 044 受信したメールを読むには

## 受信メールの確認

設定されたメールサービスのメールを受信すると、メールの着信音が鳴り、画面に通知が表示されます。受信したメールは［メール］アプリで読むことができます。一覧でメールをタップして、内容を表示しましょう。

ワザ042を参考に、［メール］を起動しておく

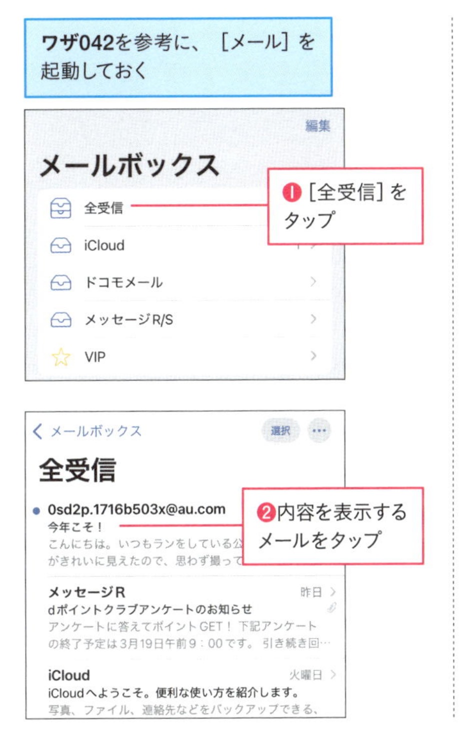


ここをタップすると、［受信］の画面が表示される

### 複数のメールボックスを切り替えて表示できる

手順2のメールの一覧画面で、左上のメールサービス名をタップすると、メールボックスの一覧が表示され、メールボックスをタップすると、そのメールボックス内のメール一覧が表示されます。複数のメールサービスを設定しているときは、［全受信］で全メールサービスのメールをまとめて表示したり、それぞれを個別に選択して、表示できます。iCloudなど一部のメールサービスでは、サーバー上のフォルダも表示されます。

次のページに続く

## メールの受信間隔を変更できる

iCloudなど、一部のメールサービスは、メールの自動受信（プッシュ通知）に対応しますが、ほかのサービスは**一定時間ごとの自動新着チェック機能（フェッチ）**で、メールを受信します。フェッチの間隔は、[設定] - [アプリ] - [メール] - [メールアカウント]の画面で変更できます。

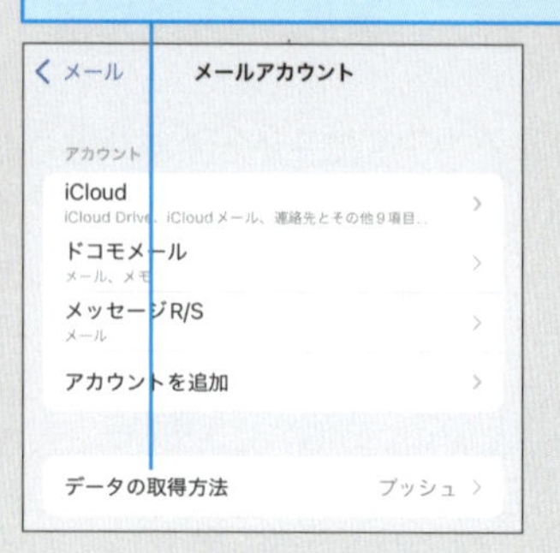

## メールを検索して活用しよう

受信したメールは**キーワードを入力して、検索**することができます。サーバー上に保存されているメールも検索できます。[メッセージ] でも同様にメッセージを検索することが可能です。

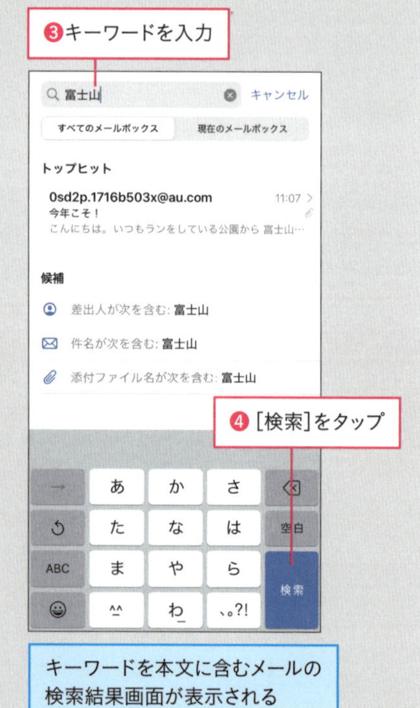

# 045 差出人を連絡先に追加するには

**メール・新規連絡先を作成**

受信したメールの差出人のメールアドレスは、[連絡先]に登録できます。新しい連絡先として登録できるだけでなく、すでに登録済みの連絡先に追加で登録することもできます。

**ワザ044**を参考に、メールの内容を表示しておく

❶[差出人]に表示されたメールアドレスをタップ

❷[差出人]をタップ

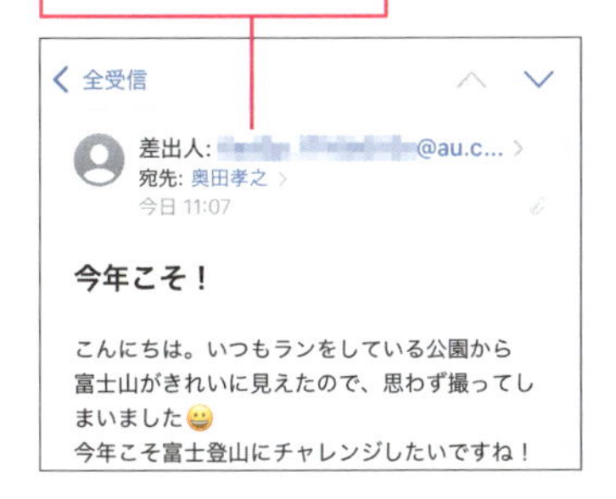


メールの差出人の情報が表示された

❸[新規連絡先を作成]をタップ

[連絡先]が起動するので、**ワザ039**を参考に、連絡先を登録する

Point

### メール本文から連絡先に登録できる

受信したメールの本文に記載されているメールアドレスや電話番号、住所などは、リンクとして青く表示されることがあります。リンクをロングタッチして、[連絡先に追加]を選ぶと、連絡先に追加できます。同じメールに記載されているほかの項目も自動で入力されるので、内容を確認してから登録しましょう。

# 046 メールサービスを切り替えるには

## メールボックスの切り替え

複数のメールサービスを設定しているときは、このワザの手順で、どのメールサービスのメールボックスを表示するかを切り替えられます。未読メールがあるときは、手順2のメールサービス名の右側にそれぞれの件数が表示されます。

ワザ042を参考に、[メール]を起動し、[受信]の画面を表示しておく

メールサービスの名前をタップ

[全受信]をタップすると、すべてのメールサービスで受信したメールが表示される

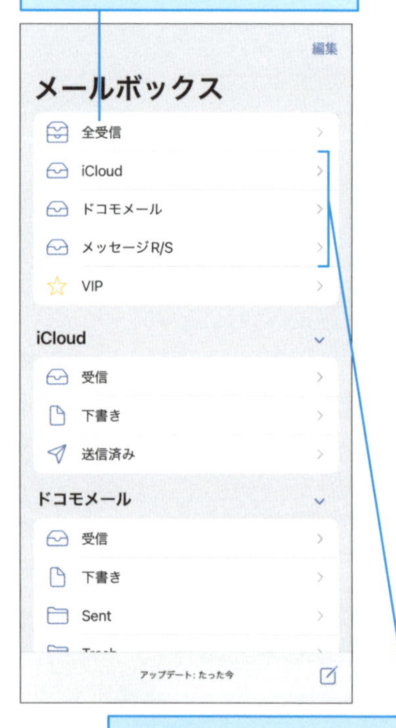


メールサービス名をタップすると、切り替えられる

### 返信するときのメールアドレスに注意しよう

[全受信] のメールボックスではすべての受信メールが表示されます。メールに返信するとき、どのメールサービスから送信するかを必ず確認するようにしましょう。

# 047 署名を設定するには

## 署名の変更

標準設定では作成したメール本文の最後に「iPhoneから送信」という署名が付加されます。この署名は以下の手順で変更できます。複数のメールサービスのアカウントを登録しているときは、アカウントごとに別の署名を設定することもできます。

ワザ023を参考に、[設定]-[アプリ]-[メール]の画面を表示しておく

❶画面を下にスクロール

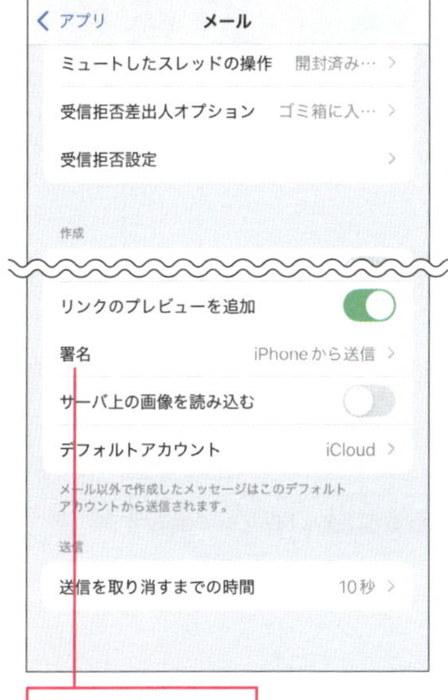


❷[署名]をタップ

署名を使うアカウントの範囲を選択できる

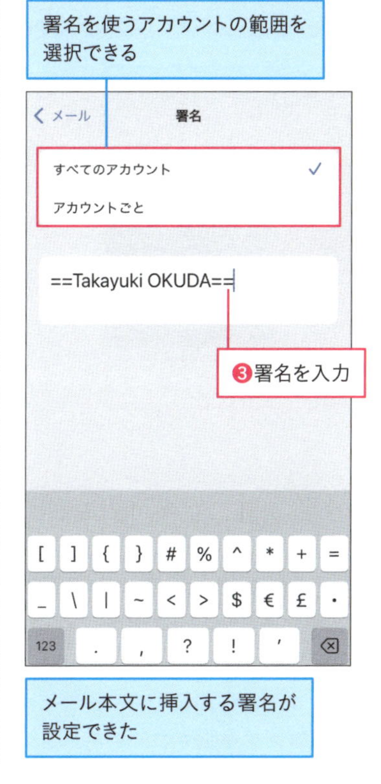


❸署名を入力

メール本文に挿入する署名が設定できた

### メールアドレスを交換するには？

対面している人とメールアドレスを交換するには、その場でメールアドレスを教え合い、メールを送信する（ワザ042）方法が確実です。登録済みの自分の連絡先（マイカード）を表示し、下にスクロールして［連絡先を送信］をタップすることで、メールなどで指定した項目を共有することもできます。iPhone同士の場合、互いのiPhoneの上部を近づけることで、自身の連絡先を交換する「NameDrop」という機能も使えます。

# 048 [+メッセージ]を利用するには

+メッセージ

「+メッセージ」はNTTドコモ/ahamo、au/UQ mobile/povo、ソフトバンク/ワイモバイル/LINEMO、一部のMVNOで使えるメッセージサービスです。SMSと同じように、電話番号を宛先として使います。利用開始には初期設定が必要です。



## [+メッセージ]の初期設定

ワザ005を参考に、ホーム画面を切り替える

❶[+メッセージ]をタップ

ワザ023を参考に、Wi-Fi(無線LAN)をオフにしておく

❷[次へ]をタップ

次の画面でも[次へ]をタップする

連絡先へのアクセスを求める確認画面が表示された

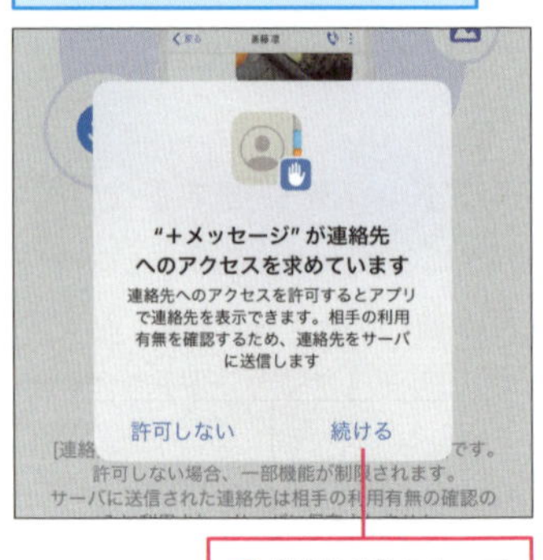


❸[続ける]をタップ

### Point [+メッセージ]をインストールするには

ワザ026でプロファイルをインストールし、ホーム画面に[+メッセージ]のアイコンが追加されていれば、そこから[+メッセージ]をインストールできます。アイコンがないときは、以下のQRコードから[+メッセージ]をインストールしましょう。

▶+メッセージ

連絡先を+メッセージと共有するかを確認する画面が表示された

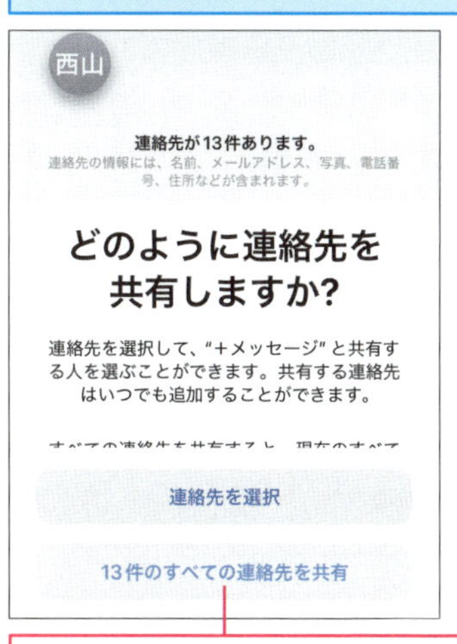


❹[すべての連絡先を共有]をタップ

アクティビティのトラッキングの許可を求められるので、[許可]をタップしておく

通知の送信の許可を求められるので、[許可]をタップしておく

❺ここを上下にスワイプして通信回線を選択

❻[次へ]をタップ

**Point**

## 通信回線によってはSMSの認証が必要

契約している携帯電話会社によっては、認証のためにメッセージ(SMS)を受信し、**SMSに記載された認証番号を入力**する必要があります。

利用規約が表示された

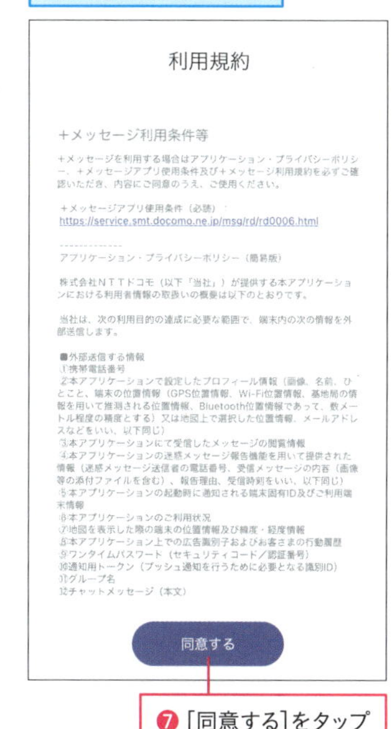


❼[同意する]をタップ

設定完了の画面が表示されたら[OK]をタップする

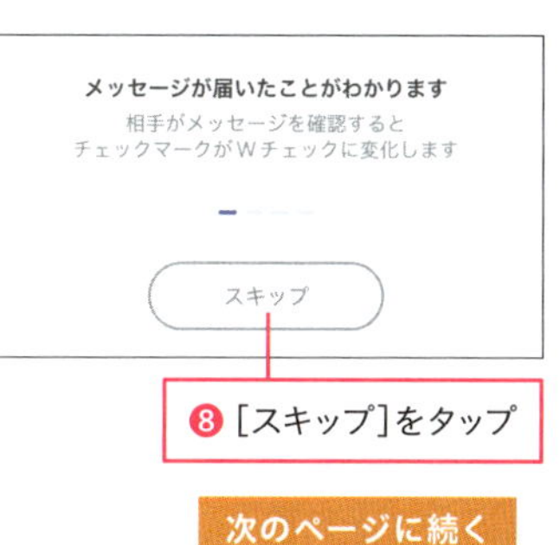


❽[スキップ]をタップ

次のページに続く

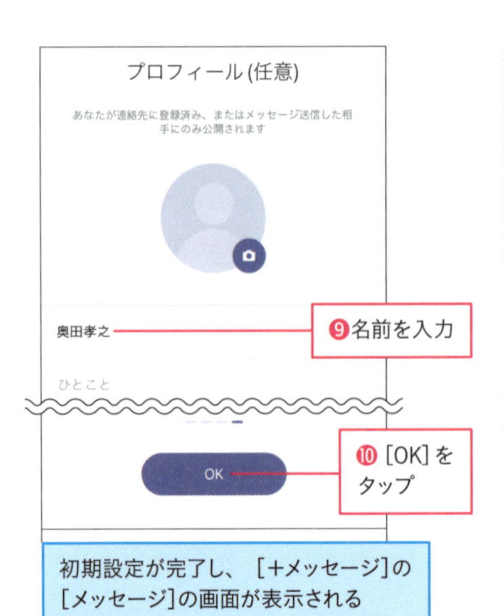


初期設定が完了し、[+メッセージ]の[メッセージ]の画面が表示される

**Point**

### +メッセージを利用している連絡先がわかる

+メッセージを送信するには、相手も+メッセージを使っている必要があります。手順13の連絡先一覧では相手が+メッセージを使っているかどうかがアイコンで表示されます。

+メッセージを利用している連絡先にはアイコンが表示される

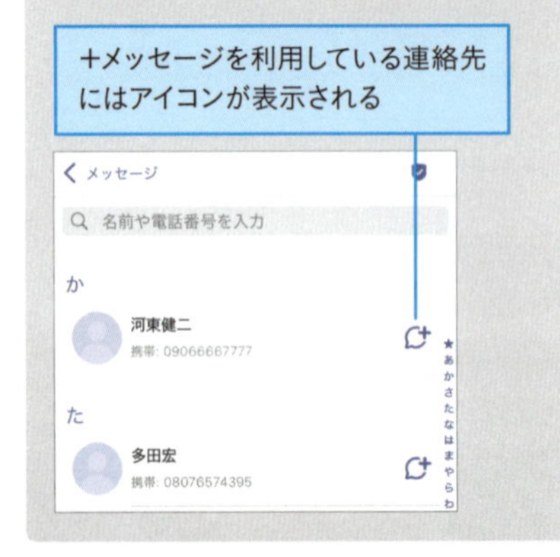


⓬[新しいメッセージ]をタップ

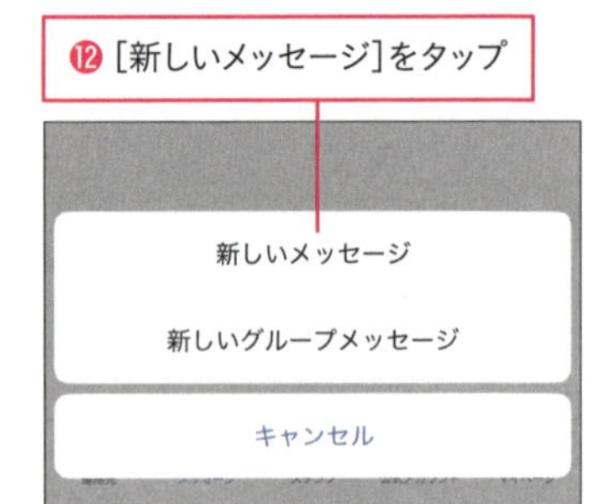


ここでは電話番号を直接、指定して、メッセージを送信する

⓭電話番号を入力

⓮[直接指定]に表示された電話番号を**タップ**

相手を[+メッセージ]に招待することを確認する画面が表示された

⓯[招待する]をタップ

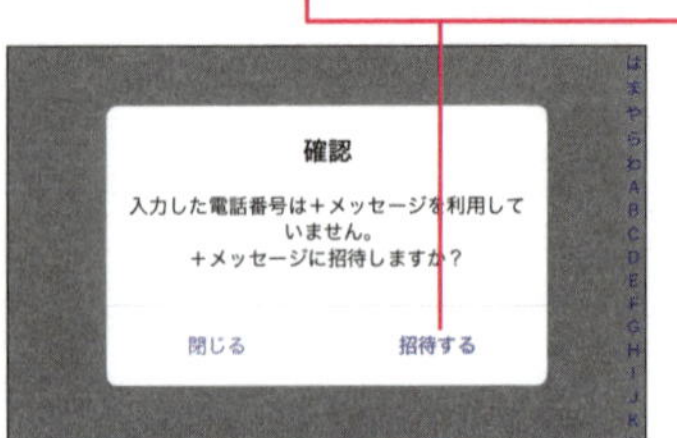


**ワザ017〜018の操作を参考に、メッセージを送受信する**

# 第 5 章

# インターネットを自在に使う快適ワザ

# 049 リンク先をタブで表示するには

タブ

［Safari］には複数のWebページをそれぞれ別の「タブ」に表示しておき、切り替えながら閲覧できる機能があります。ショッピングサイトやニュースサイトなど、複数のお店のページを見比べて値段を比較したり、記事を見比べるといった使い方に便利です。



## 新しいタブで表示

**ワザ019**を参考に［Safari］でWebページを表示しておく

ここではリンク先のWebページを新しいタブで表示する

❶リンクをロングタッチ

リンク先が一時的に表示される

❷［新規タブで開く］をタップ

ここをタップすると表示されたリンクが閉じる

**電話番号や地図などは別のアプリが起動して表示される**

Webページのリンク先によっては、［電話］［マップ］［メール］など、リンクに該当する別のアプリが起動することがあります。［電話］や［メール］ではあらかじめ電話番号やメールアドレスが入力された状態で起動するので、すぐに連絡を取れるようになります。

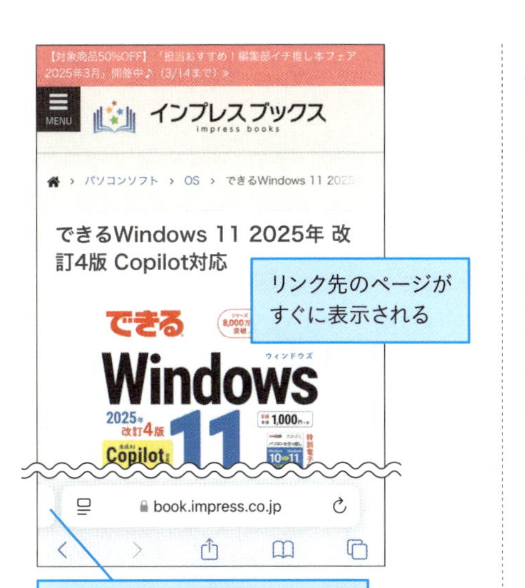


リンク先のページがすぐに表示される

タブがあると、検索フィールドの左右にタブの一部が表示される

## Point 自動的にタブが開くこともある

Webページから別のページにリンクが張られている場合など、Webページによってはリンクをタップするだけで、自動的に新しいタブが開くことがあります。画面下の［<］か、タブの切り替え操作をすれば、元のページに戻ることができます。

## タブの切り替え

前ページの手順を参考に、Webページを複数のタブで表示しておく

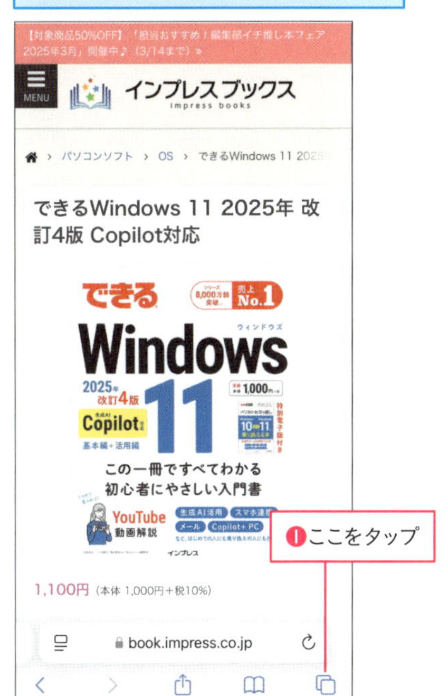


❶ここをタップ

タブの一覧が表示された

❷切り替えるWebページをタップ

次のページに続く

タブが切り替わって、Webページが表示された

検索フィールドを左右にスワイプしてもタブを切り替えられる

### 不要なタブを閉じよう

タブの右側にある⊗をタップすると、タブを閉じることができます。また、タブを左にスワイプすると、消去することが可能です。不要なタブは閉じるようにしておきましょう。

ここをタップ

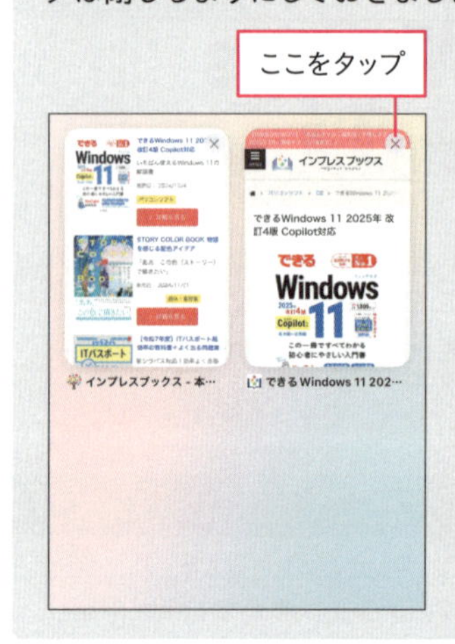

### 新しいタブを追加するには

[Safari]アプリの画面右下に表示されている⧉をタップし、左下の＋をタップすると、新たにタブが表示されます。現在、表示中のWebページはそのままにしておき、ほかのことを調べたり、新しいWebページを表示したいときに便利です。＋をロングタッチすると、[最近閉じたタブ]の画面が表示されるので、閉じてしまったタブを再び開くこともできます。

第5章 インターネットを自在に使う快適ワザ

050

# Webページを読みやすく表示するには

## リーダー表示

長文の記事や小説など、文章が中心のWebページを集中して読みたいときは、「リーダー表示」が便利です。広告などが非表示となり、文字や画像だけが表示されるシンプルな構成になります。Webページを要約することもできます。

❶ここをタップ

❷［リーダーを表示］をタップ

リーダー表示に切り替わった

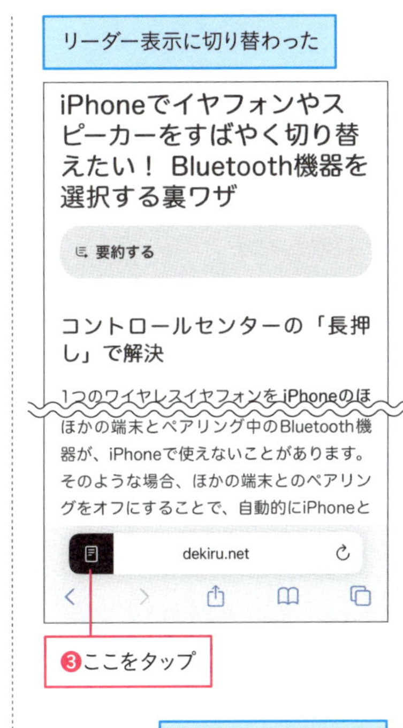


❸ここをタップ

フォントを変更できる

［リーダーを非表示］をタップすると、元の画面が表示される

# 051 Webページをお気に入りに登録するには

## ブックマーク

よく見るニュースサイトやブログなどのWebサイトは、「ブックマーク」に追加しておくと、すぐに表示できるようになります。わざわざ検索する手間が省けるので、よく訪れるWebサイトはブックマークに登録しておきましょう。



### ブックマークの追加

ブックマークに追加するWebページを表示しておく

❶ここをタップ

[Safari]のオプションをさらに表示する

❷ここを上にスワイプ

**[ブックマーク]と[お気に入り]はどう違うの？**

[お気に入り]は[ブックマーク]に登録されているフォルダの1つです。頻繁に閲覧するWebページを登録しておくときに使います。Webページのジャンルごとにフォルダを分けて管理したいときは、手順3で[ブックマークを追加]をタップして別のフォルダを作り、それぞれのフォルダに名前を付けたりして、管理します。

### すばやくブックマークに追加するには

[Safari] のオプションを表示しなくてもブックマークを追加することができます。画面下のブックマークアイコンをタップすると、これまで登録したブックマークが表示されますが、**ロングタップして、表示された [ブックマークを追加] から簡単に追加**することもできます。ブックマークの名前なども変更できます。

[ブックマーク追加] をタップしてブックマークに追加できる

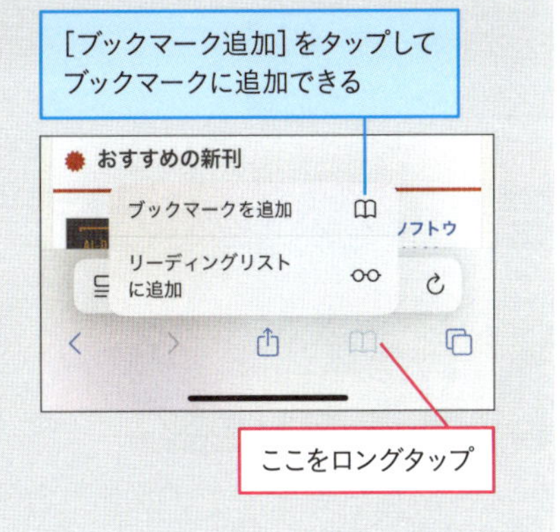


ここをロングタップ

[Safari]のオプションが表示された

❸ [お気に入りに追加]をタップ

ブックマークの名前は自由に設定できる

❹ [保存]をタップ

Webページのブックマークを追加できた

次のページに続く

## ブックマークの表示

ブックマークの一覧を表示する

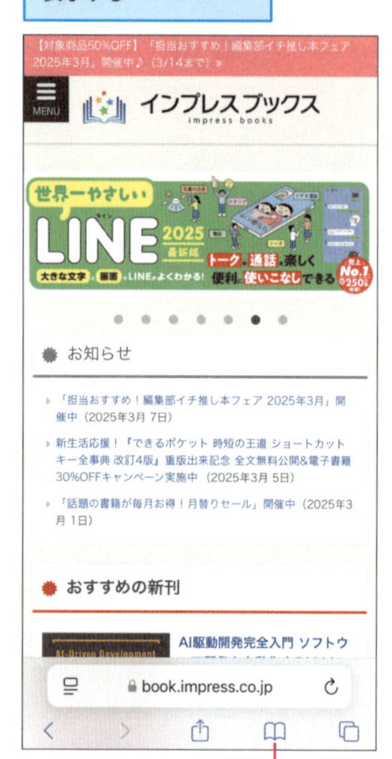


❶ここをタップ

❷［お気に入り］をタップ

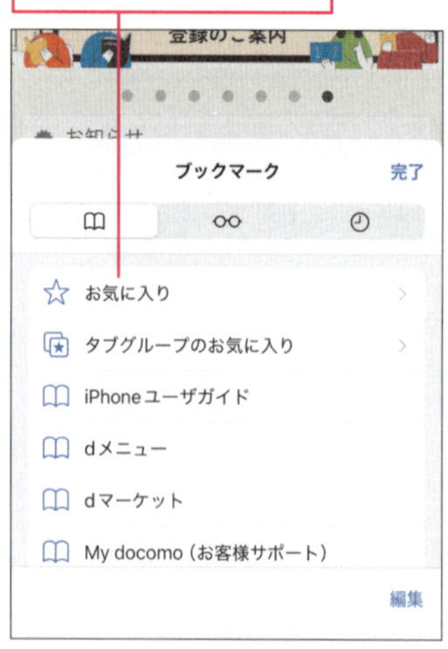


ブックマークが隠れているときは、項目を上にスワイプする

❸表示するWebページのブックマークをタップ

Webページが表示される

### Point ブックマークをすばやく表示するには

ホーム画面の［Safari］のアイコンをロングタッチすると、［ブックマークを表示］という項目が表示されます。選びたい項目まで指を移動し、離すことでブックマークを表示できます。

［Safari］をロングタッチすると、ブックマークなどをすばやく表示できる

052

# Webページを共有／コピーするには

## Webページの活用

[Safari] で表示しているWebページのURLは、家族や友だちにメールやメッセージで送ることができます。また、Webページ上の文章の一部をコピーして、メールに貼り付けて送信することもできます。

### WebページのURLをメールで送信

Webページを表示しておく

❶ここをタップ

❷［メール］をタップ

メールが作成され、本文にWebページのURLが入力された

**アプリによって表示される項目が変わる**

手順2の画面に表示される共有の項目は、インストールされているアプリによって変わります。SNSのアプリがインストールされていると、そのSNSのアプリで、家族や友だちに共有できるようにもなります。

次のページに続く

# Webページの文字をコピー

文字をコピーするWebページを表示しておく

❶文字をロングタッチ

❷画面から指を離す

操作のメニューが表示された

選択範囲の両端にカーソルが表示された

❸カーソルをドラッグして文字を選択

❹画面から指を離す

❺［コピー］をタップ

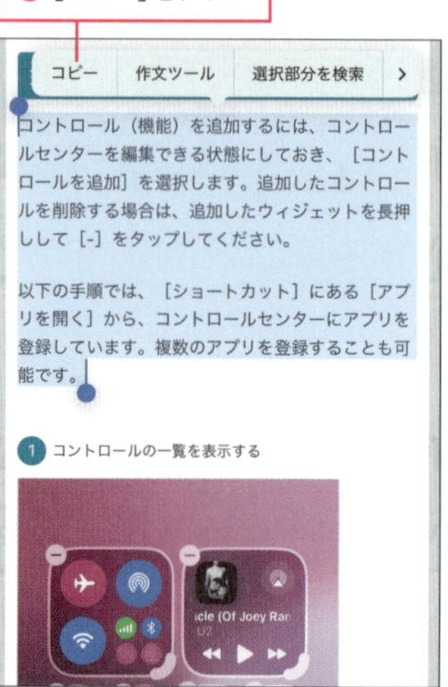


文字がコピーされる

36ページを参考に、［メモ］などほかのアプリに文字をペーストできる

**文字と画像をいっしょにコピーできる**

多くのWebページは、文字と画像で構成されています。手順3で**選択範囲を上下左右に広げる**と、文字だけでなく、画像やWebページへのリンクもいっしょに選択して、コピーできます。ただし、ペーストした先のアプリが画像やリンクに対応してないときは、それらの情報が正しくペーストされないことがあります。

# 053 履歴や入力した情報を残さずにWebページを閲覧するには

## プライベートブラウズ



[Safari] には閲覧や検索の履歴を残さない「プライベートブラウズ」というモードが用意されています。自分自身が安全に使いたいときだけでなく、友だちや家族に一時的にiPhoneを貸すようなときにもプライベートブラウズが安心です。

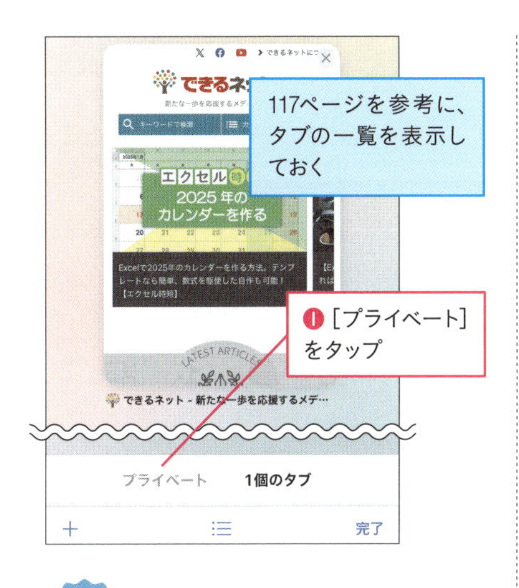


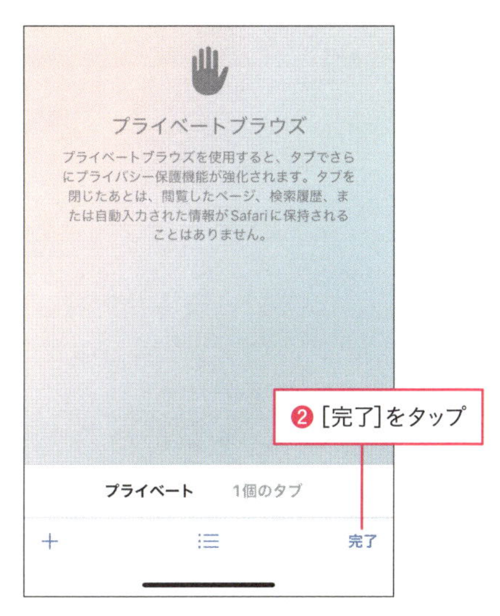


### Point プライベートブラウズを終了するには

プライベートブラウズは**一度、使うと、そのままプライベートブラウズが継続します**。通常のモードに戻したいときは、タブの一覧を表示して、[～個のタブ]をタップします。

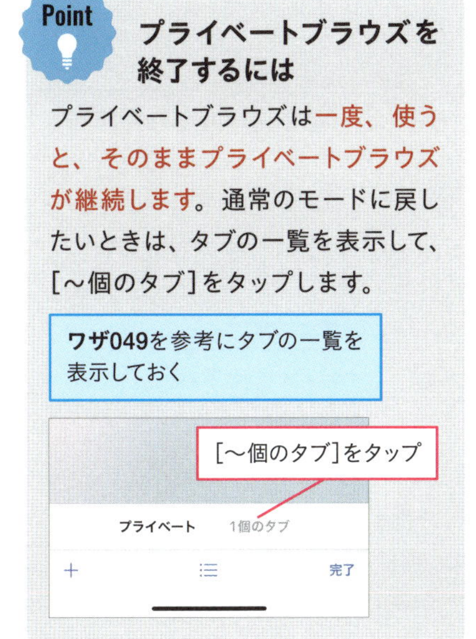


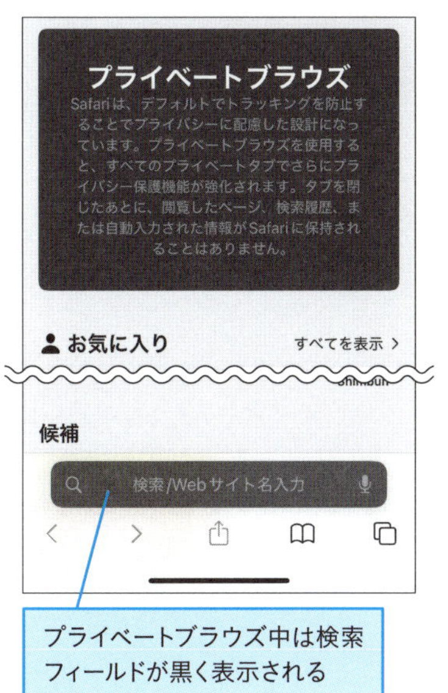

# 054 PDFなどをダウンロードするには

**ダウンロード**

[Safari] ではWebページに掲載されたり、メールに添付されたPDF形式のファイルを表示することができます。表示したPDFファイルは、iPhone本体やiCloudに保存でき、[ファイル]アプリを起動すれば、いつでも表示できます。



## PDFファイルの保存

❶PDFファイルのリンクをタップ

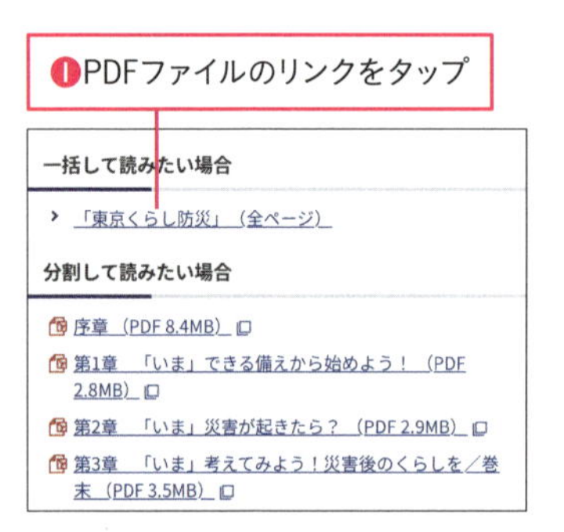


PDFが表示された

❷ここをタップ

ここでは [ファイル] に保存する

❸PDFのファイル名を上にスワイプ

❹ ["ファイル"に保存]をタップ

**本書の電子版をiPhoneで持ち歩ける**

本書の電子版は、PDF形式のファイルで提供されています。本書を購入した人はダウンロードできるので、iPhoneに保存しておけば、いつでも本書を読むことができます。ダウンロード方法は3ページを参照してください。

### Webページの画像も保存できる

Webページの画像を保存しておきたいときは、画像をロングタッチして、オプションから［写真に追加］をタップします。画像は［写真］アプリに保存され、表示できます。ただし、保存が禁止されている画像は、［写真に追加］が表示されません。

### ［ブック］にも保存できる

PDFファイルは［ブック］アプリに保存し、閲覧できます。前ページにある手順3の画面で［ブック］を選ぶか、あるいは［その他］から［ブック］を選んで保存します。紙の本と同じように、スワイプしてページをめくれるので、複数のページがある文書を読むときにも便利です。

ここではiPhone内に保存する

❺［iCloud Drive］をタップ

❻［ブラウズ］をタップ

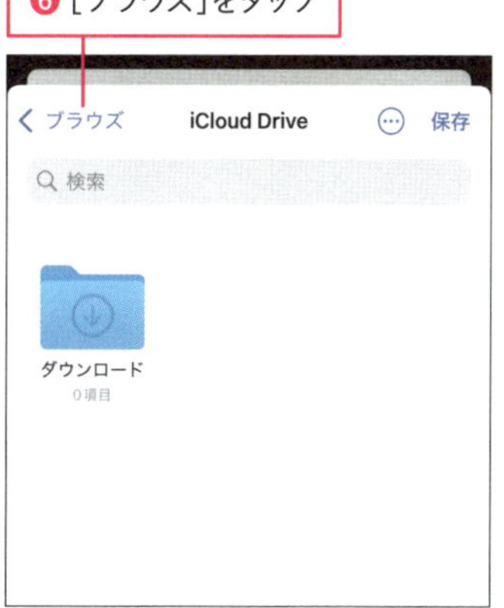


❼［このiPhone内］をタップ

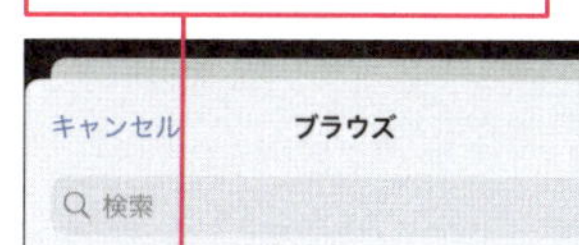


［このiPhone内］の画面が表示された

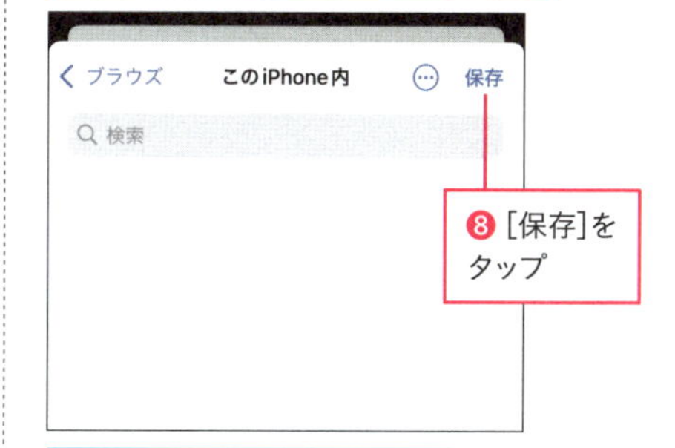


❽［保存］をタップ

PDFファイルが［ファイル］に保存される

次のページに続く

1 基本
2 設定
3 最新
4 電話・メール
5 ネット
6 アプリ
7 写真
8 便利
9 疑問

## 保存したPDFファイルの表示

**ワザ005**を参考に、ホーム画面を切り替えておく

❶［ファイル］をタップ

［ファイル］が起動した

❷［ブラウズ］をタップ

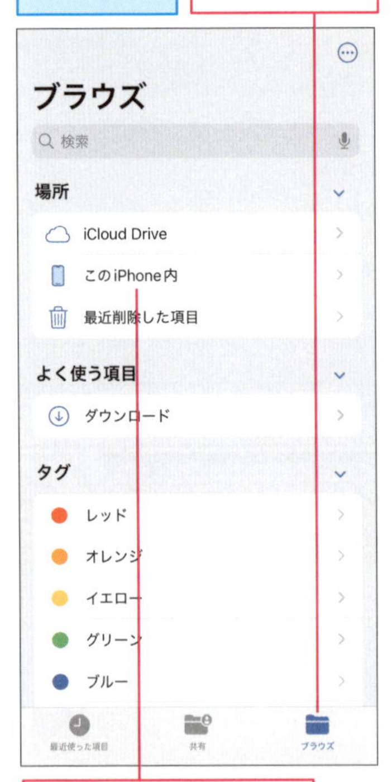


❸［このiPhone内］をタップ

場所の一覧が表示されないときは、［ブラウズ］をもう一度、タップする

［このiPhone内］に保存されたファイルの一覧が表示された

❹保存したファイルをタップ

PDFファイルが表示された

複数のページがあるときは、上下にスクロールして、内容を閲覧できる

右上の［完了］をタップするとPDFが閉じる

# 第6章

# アプリをもっと使いこなす便利ワザ

# 055 アプリを探してダウンロードするには

## App Storeの検索

アプリをApp Storeからダウンロードしてみましょう。アプリの名前や「写真加工」といったように入力して、アプリを検索し、ダウンロードします。データ容量の大きいアプリはWi-Fi環境でしかダウンロードできないことがあります。



### アプリの検索

❶[App Store]をタップ

[ようこそApp Storeへ]の画面が表示されたときは、[続ける]をタップする

位置情報の利用に関する確認画面が表示されたときは、[アプリの使用中は許可]をタップする

必要に応じて、**ワザ023**を参考に、Wi-Fi（無線LAN）に接続しておく

❷[検索]をタップ

❸検索フィールドをタップ

### QRコードでもアプリをダウンロードできる

Webページや雑誌などでは、アプリの紹介とともに、QRコードが掲載されていることがあります。[カメラ] アプリでQRコードを読み取ることで、アプリのダウンロードページが表示されるので、そこから目的のアプリがダウンロードできます。

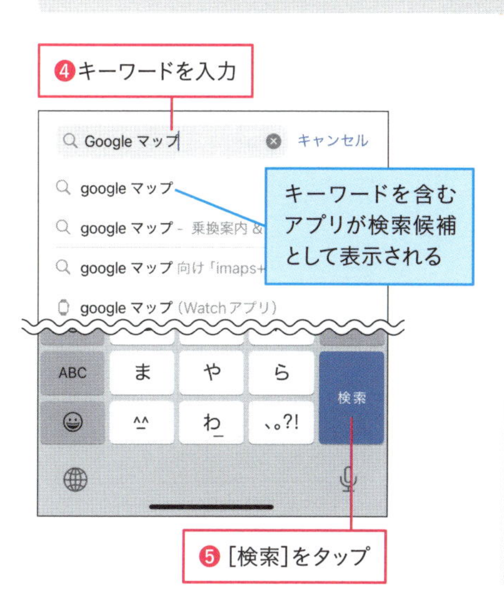


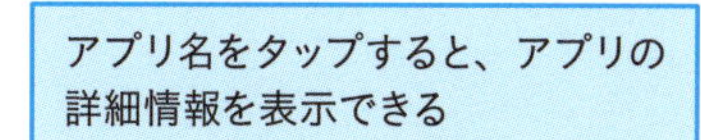


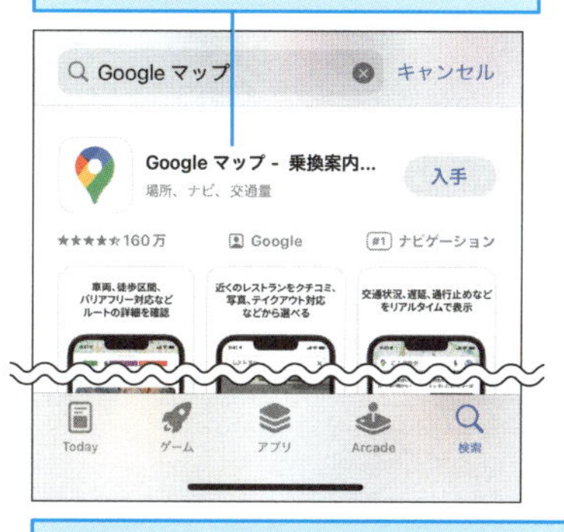


画面を上下にスワイプすると、ほかのアプリの情報が表示される

## アプリのダウンロード

前ページを参考に、インストールするアプリを検索しておく

❶[入手]をタップ

有料アプリのときは価格が表示される

画面下にインストールの確認画面が表示された

❷[インストール]をタップ

有料アプリのときは、次の画面で[購入する]と表示される

③パスワードを入力

④[サインイン]をタップ

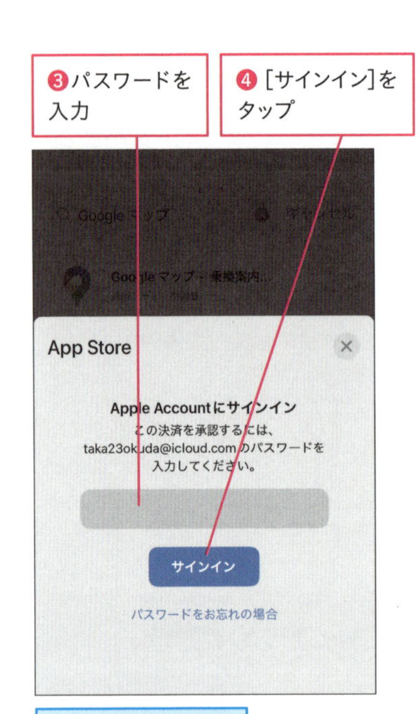


[完了]と表示される

⑤[15分後に要求]をタップ

[常に要求]をタップすると、ダウンロードのたびにパスワードの入力が必要になる

ダウンロードが開始される

### 顔認証（Face ID）でパスワードの入力を省ける

手順3のApple Accountのパスワード入力は、顔認証のFace IDを使って、簡単に入力できます。ダウンロード時にサイドボタンをダブルクリックすると、Face IDが起動します。**パスワードを入力する手間が省けて簡単**です。安全性も高いので、Face IDを活用しましょう。

### アプリを更新するには

App Storeに掲載されているアプリは、新しいバージョンが公開されると、**基本的には自動的に最新版へ更新**されるしくみになっています。ただし、省電力モード中など、タイミングによっては、自動的に更新されないこともあります。Wi-Fiに接続でき、時間に余裕のあるときに手動でアップデートするといいでしょう。App Storeの右上にあるユーザーアイコンをタップすると、手動でのアップデートが可能です。

ダウンロードが完了すると、ボタンの表示が［開く］に切り替わる

［開く］をタップすると、アプリを起動できる

❻画面の下端から上にスワイプ

ダウンロードしたアプリのアイコンがホーム画面に追加された

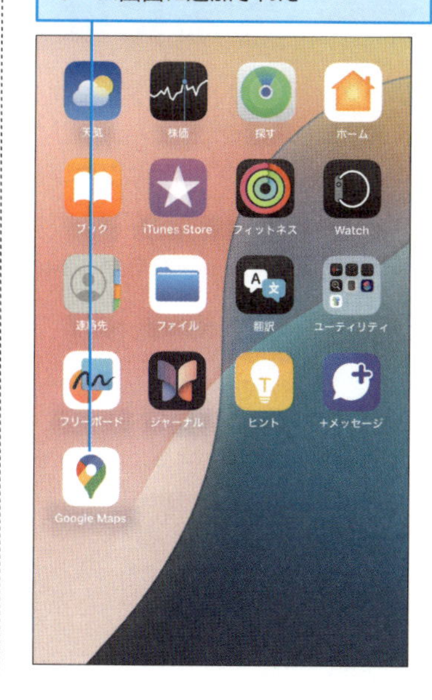

## 購入したアプリは再ダウンロードができる

一度、購入したアプリは、無料で何度も再ダウンロードができます。今後、iPhoneを買い換えたときなどは、下の手順を参考に、iPhoneにインストールされていない購入済みのアプリから、目的のアプリを選んで、再ダウンロードしましょう。同じApple Accountを使っていれば、iPadなど他の端末でも購入したアプリを再ダウンロードできます。

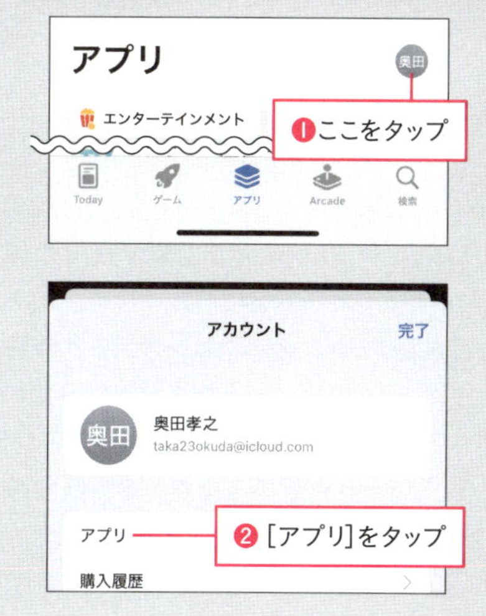


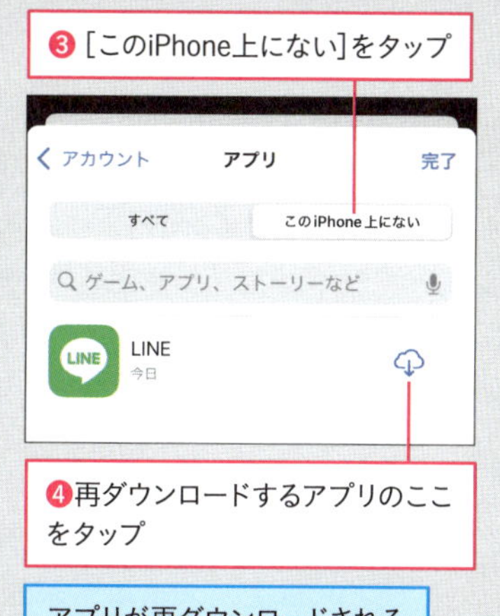


アプリが再ダウンロードされる

# 056 アプリを購入できるようにするには

## ギフトカードまたはコードを使う

有料のアプリや音楽をiPhoneにダウンロードするには、Apple Accountでのサインインや支払い方法の登録が必要です。あらかじめ［App Store］で登録しておきましょう。支払いにはクレジットカードのほか、Apple Gift Cardも使えます。

ワザ055を参考に［App Store］を起動しておく

App Storeにサインインしているアカウントが表示された

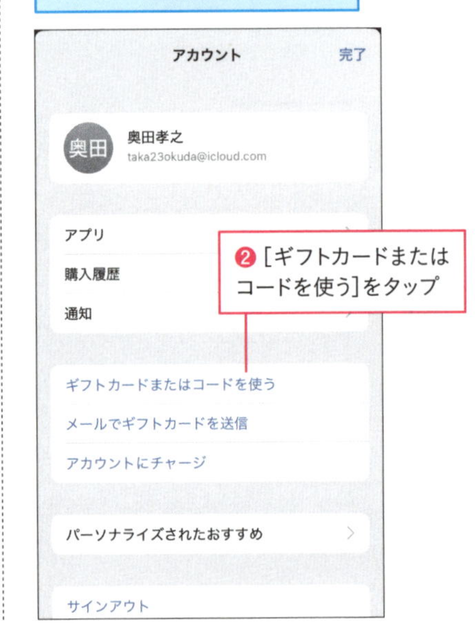

### Apple Gift Cardって何？

Apple Gift Card（旧App Store & iTunesギフトカード）はiTunes StoreやApp Store、Apple StoreではMacやiPhone、アクセサリーの購入に使えるプリペイドカードです。クレジットカードを使いたくない、持ちたくないという人に適していて、家電量販店やコンビニエンスストアで現金で購入することができます。1,000円や5,000円といった決まった金額のカードのほか、金額を自由に指定できるバリアブルカードも用意されています。購入したカードの裏側に記載されたコードを登録することで、額面の金額をApple Accountにチャージできます。Appleのサイトではコードがメールで送られてくるデジタルコード版も販売されています。

Apple Gift Cardのパッケージを開封しておく

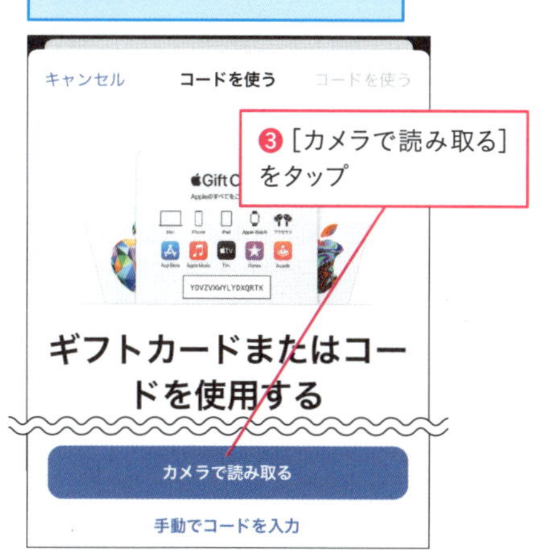


❸［カメラで読み取る］をタップ

Apple Gift Cardのコードを読み取る画面が表示された

❹Apple Gift Cardの裏面のコードにカメラを向ける

パスワード入力画面が表示されたときは、パスワードを入力し、［サインイン］をタップする

読み取りが完了すると、チャージされた金額が表示される

［×］をタップすると手順2に戻る

### Point ほかの支払い方法を使いたいときは

［App Store］の右上にあるアカウントのアイコンをタップし、自分のアカウント名をタップします。［お支払い方法を管理］-［お支払い方法の追加］の順にタップすると、**Apple Payやキャリア決済などが選択できます。**

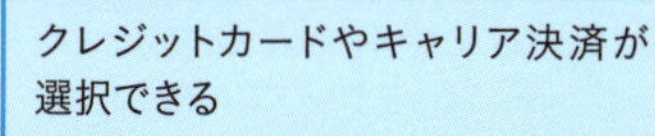

クレジットカードやキャリア決済が選択できる

# 057 マップの基本操作を知ろう

**マップ**

外出時に目的地や経路を調べるのに便利な地図アプリを活用しましょう。iPhoneには[マップ]アプリが搭載されており、地図や経路を調べることができます。拡大や縮小など、[マップ]アプリの基本操作を覚えましょう。

位置情報の利用に関する確認画面が表示されたときは、[アプリの使用中は許可]をタップしておく

[マップ]の改善についての画面が表示されたときは[許可]をタップしておく

[カスタム経路の紹介]の画面が表示されたときは、[続ける]をタップしておく

[マップ]が起動した

❷地図をピンチインして画面を縮小

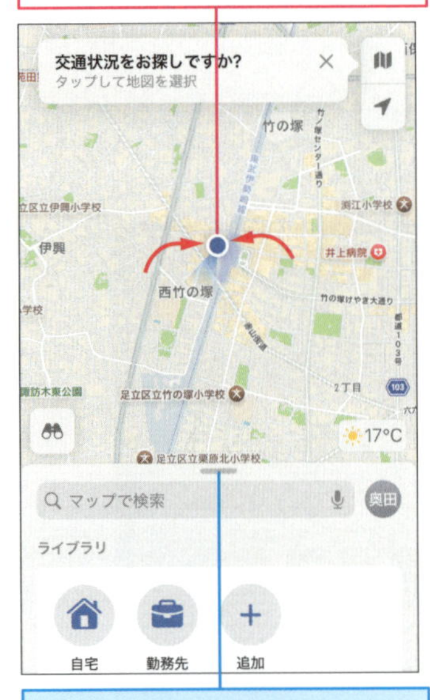


検索バーのここを下向きにスワイプすると、画面下部に縮小される

**位置情報の精度って何?**

[マップ]アプリを起動したとき、[位置情報の精度]の確認が表示されることがあります。iPhoneはGPS信号が届きにくい場所では、Wi-Fi(無線LAN)アクセスポイントの情報を使って、位置情報の精度を高めることがあります。Wi-Fiがオフの場合、こうしたメッセージが表示されるため、[設定]をタップして、Wi-Fiをオンにしておきましょう。

地図の表示が縮小された

ドラッグ操作で位置の変更、ピンチの操作で拡大と縮小ができる

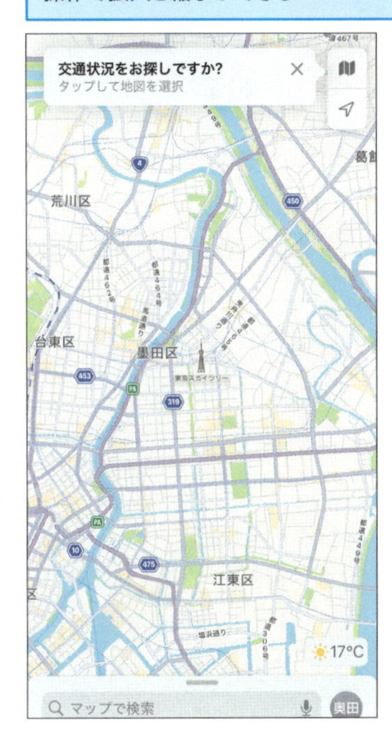

## 現在地をすばやく表示する

画面右上のコンパスのアイコン（ ）をタップすると、現在地の地図が表示されます。はじめて現在地を表示したときに、[調整]という画面が表示されることがあります。画面の指示に従って、画面の赤い丸が円に沿って転がるようにiPhone本体を動かして調整しましょう。

## 路線図や航空写真も表示できる

[マップ]では標準の[詳細マップ]表示のほかに、電車の路線図を調べられる[交通機関]や上空から写真を撮影し、建物や地形を俯瞰（ふかん）して見られる[航空写真]に切り替えることができます。また、[ドライブ]では道路の混雑状況を確認することができます。目的に応じて、表示をいろいろと切り替えてみましょう。

地図の表示方法を変更できる

# 058 ルートを検索するには

経路

［マップ］アプリで現在地だけでなく、行きたい場所の地図を表示してみましょう。住所や施設名で検索することで、検索した候補から、その場所の地図を表示できます。電車やクルマを使った目的地までの経路も調べられるので、外出時に重宝します。



ワザ057を参考に、［マップ］を起動しておく

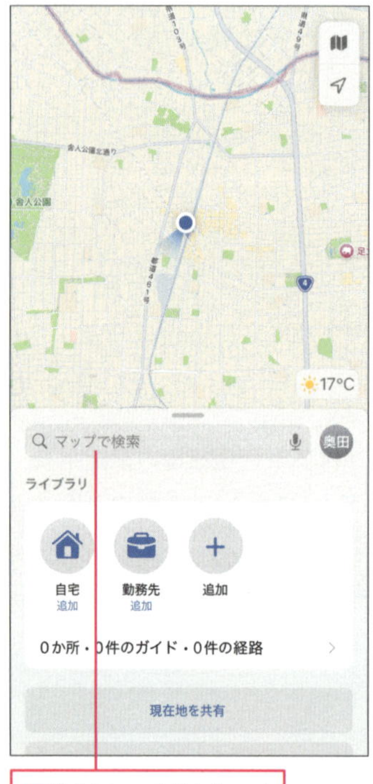


❶検索フィールドをタップ

目的地が検索できるようになった

❷目的地のキーワードを入力

キーワードに一致した候補が表示される

❸［検索］をタップ

**どんなキーワードで検索できるの？**

住所や施設名、会社名、店名で検索ができます。また、現在地周辺のコンビニやレストランを調べたいときは、そのまま「コンビニ」と一般的な名称を入れることで、周辺にある複数候補が表示されます。

### 好きな場所にピンを表示できる

頻繁に訪れるような場所は、ピンを置いておくと、後から経路検索がしやすくなります。地図上で任意の場所をロングタッチすると、右の画面のようにピンを追加できます。手順1の画面で画面下の部分を上方向にスワイプすると、[履歴] に [ドロップされたピン] として表示されます。また、[よく使う項目に追加] をタップすると、項目を追加できます。

目的地をロングタッチすると、ピンを表示できる

目的地周辺の地図が表示された

❹ここをタップ

目的地の候補が複数あるときは、画面下に候補が表示される

安全についての画面が表示されたときは、[OK]をタップする

❺[経路]をタップ

電車のアイコンが選択されているが、車や徒歩、自転車などの交通手段をタップして選択できる

次のページに続く

交通機関のそのほかの経路を選択する

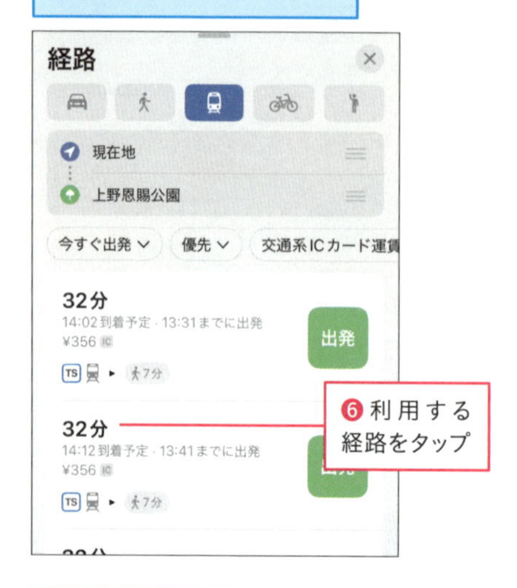


ほかの経路が表示された

❼詳細を確認する経路をタップ

選択した経路の詳細が表示された

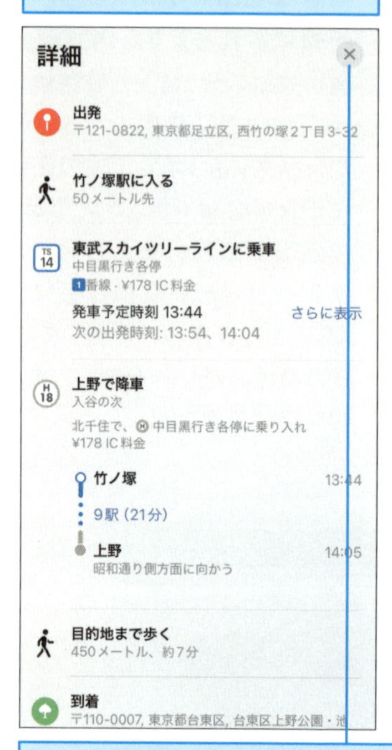


ここをタップすると、1つ前の画面に戻る

## Googleマップも便利

地図はGoogleが提供している「Googleマップ」もアプリをダウンロードすれば、iPhoneでも使えます。Gmailなど、Googleサービスを利用しているときは、パソコンなどと連携できるので便利です。

## 経路検索には専用アプリも便利

[マップ]アプリではJR東日本や東京メトロなど、首都圏の20以上の鉄道、バス、路面電車路線のリアルタイムの交通情報がわかります。また、「乗換NAVITIME」などの専用アプリを利用すると、特急や急行などの列車の種別を指定して検索できるなど、より高度な検索機能が利用できます。一部、有料サービスもあります。

# 059 予定を登録するには

カレンダー

友だちと会う約束や病院の予約など、日々のスケジュールをiPhoneで管理してみましょう。予定の日時や場所を簡単に登録でき、表示方法も自在に変更できるので、**1日や週、月単位で予定の確認**ができます。

❶［カレンダー］をタップ

［"カレンダー"の新機能］の画面が表示されたときは、［続ける］をタップする

位置情報の利用に関する確認画面が表示されたときは、［アプリの使用中は許可］をタップする

**Point 住所や場所を保存すればスムーズに行動できる**

［場所またはビデオ通話］には住所を登録できます。タップすると、［マップ］アプリが起動し、**電車の乗り換えなどがすぐに調べられます。**

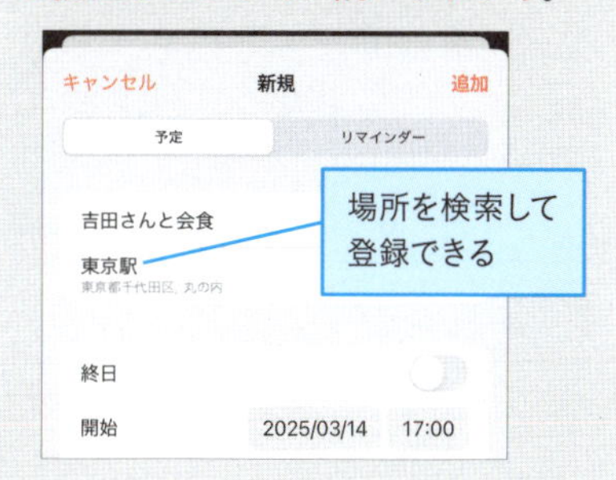


❷ここをタップ

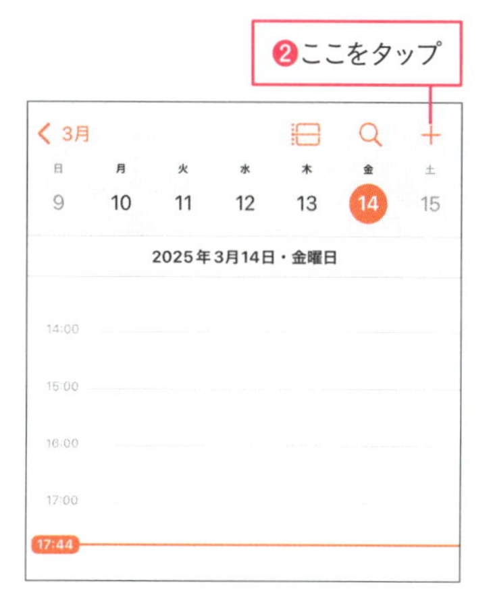


［新規］の画面が表示された

❸タイトルを入力

キャンセル　新規　追加
予定　リマインダー
吉田さんと会食
場所またはビデオ通話
終日
開始　2025/03/14　17:00
終了　2025/03/14　18:00
移動時間　なし

次のページに続く

❹[開始]の日付をタップ

[終日]のここをタップすると、終日のイベントにできる

❺カレンダーをタップして日付を設定

カレンダーを左右にスワイプすると前月や次月を表示できる

❻[開始]の時刻をタップ

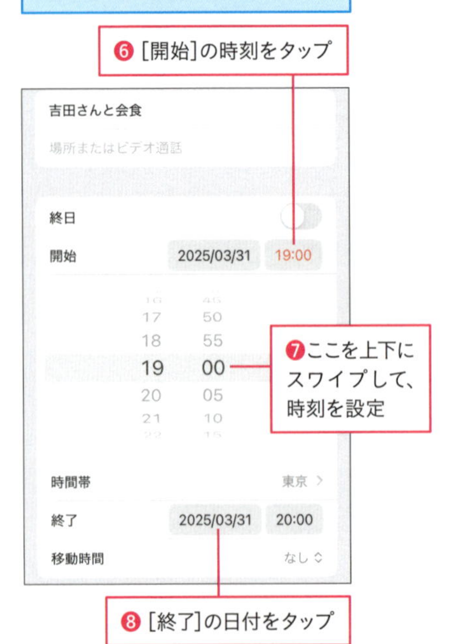


❼ここを上下にスワイプして、時刻を設定

❽[終了]の日付をタップ

手順5～手順8を参考に、終了日時を設定する

❾[追加]をタップ

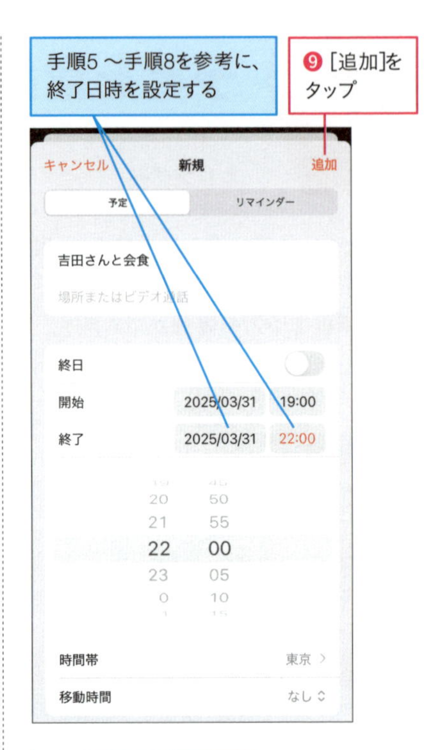


イベントを追加できた

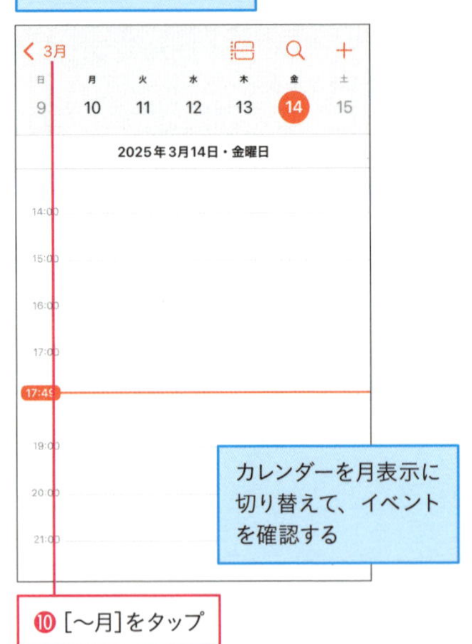


カレンダーを月表示に切り替えて、イベントを確認する

❿[～月]をタップ

イベントのある日付の下にイベント名が表示される

カレンダーを上下にスワイプすると前月や次月が表示される

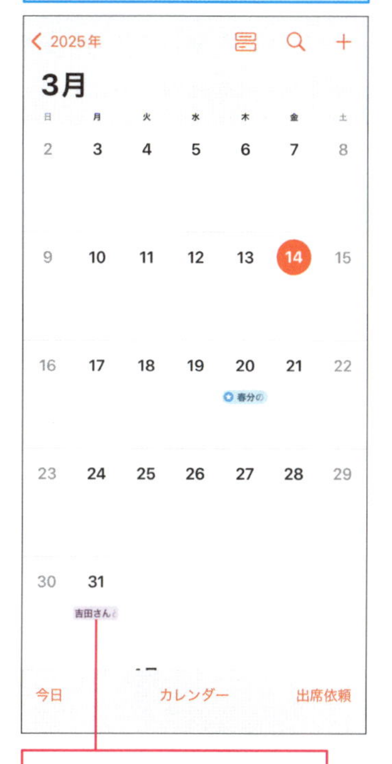


⑪イベントのある日付をタップ

⑫イベントをタップ

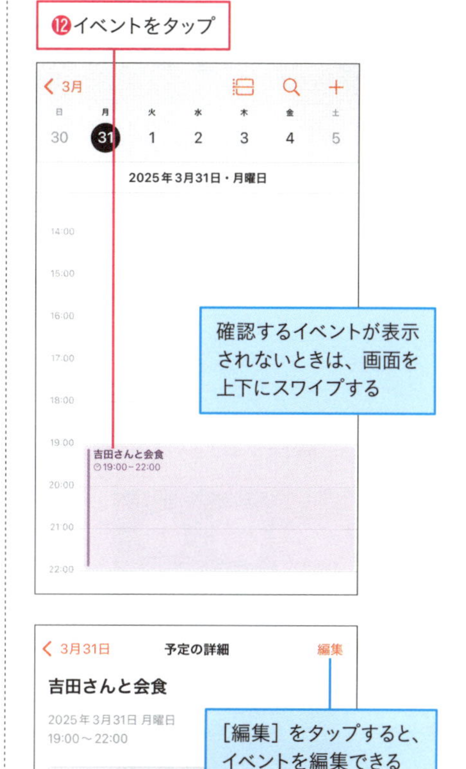


確認するイベントが表示されないときは、画面を上下にスワイプする

［編集］をタップすると、イベントを編集できる

### ウィジェットで常に予定を確認できる

予定を常に確認しておきたいときは、**ワザ065**を参考に、ホーム画面に**［カレンダー］のウィジェット**を配置しておくと便利です。ホーム画面上に次の予定が表示されるだけでなく、ウィジェットをタップすると、すぐに［カレンダー］アプリが起動するので、別の予定もスムーズに登録できます。

### くり返しのイベントも登録できる

定例的な会議などは、くり返しのイベントとして登録できます。141ページの手順3の画面で［**繰り返し**］をタップし、［毎日］［毎週］などの条件を設定すれば、以後、自動的にイベントが登録されます。

# 060 Apple Musicを楽しむには

## Apple Music

アップルは**毎月一定額の料金**を支払うことで、さまざまな音楽を楽しめる「Apple Music」というサービスを提供しています。新しいiPhone購入後は最初の3か月間、無料で利用できます。クラシックに特化した「Apple Music Classical」もあります。



**ワザ056**を参考に、Apple Accountへ金額をチャージしておく

❶[ミュージック]をタップ

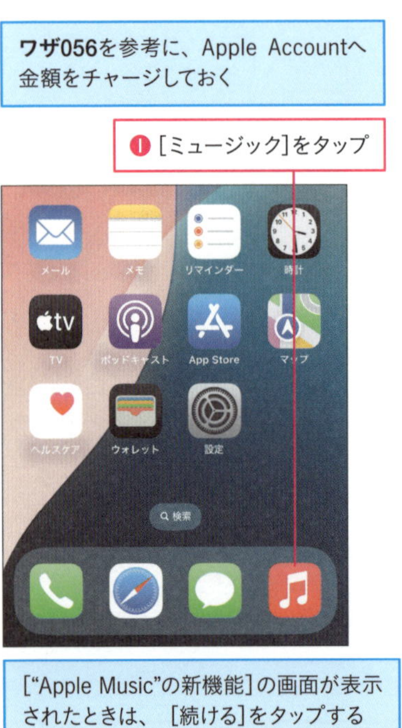


[“Apple Music”の新機能]の画面が表示されたときは、[続ける]をタップする

新着ミュージックについての画面が表示されたときは、[続ける]をタップして、[許可]をタップする

Apple Musicの説明画面が表示された

❷[ホーム]をタップ

❸[3か月間無料特典に申し込む]をタップ

### Apple Musicの料金プランについて

Apple Musicには月額1,080円の「**個人**」、月額1,680円の「**ファミリー(最大6人で共有可能)**」、月額580円の「**学生**」プランがあります。いずれも無料期間内に自動更新を停止すれば、料金はかかりません。また、Apple One（月額1,200円）という「Apple Music」「Apple TV+」「Apple Arcade」「iCloud」をまとめて利用できるサービスもあります。

最初の3カ月は課金されない

❹［サブスクリプションに登録］をタップ

サインインを求められたときは、Apple Accountのパスワードを入力して、［サインイン］をタップする

Apple Musicが有効になり、好きな曲を選択して、再生できるようになった

## Point Apple Musicで曲を探すには

Apple Musicでは［ミュージック］の下のボタンを使って、さまざまな曲を探して、再生できます。各ボタンの役割を覚えておきましょう。

**❶検索**

アーティストの名前や曲名、歌詞の一部などのキーワードを入力して聴きたい曲を探し出せます

**❷新着**

新着やデイリートップから曲を探すことができる

**❸ラジオ**

好みのジャンルの曲を、ヒットチャートやジャンル別のステーションからラジオのように探せる

# 061 iPhoneで曲を再生するには

ミュージック

[ミュージック]アプリで音楽を再生してしましょう。ここではApple Musicの音楽配信を受けて再生する方法と、インターネットに接続できない環境でも再生できるように、事前にダウンロードしておいた曲を再生する方法について、説明します。



## 曲の選択

**ワザ060**を参考に、[ミュージック]を起動しておく

❶[検索]をタップ

[検索]の画面が表示された

ここでは[洋楽]を選択する

❷[洋楽]をタップ

## コントロールセンターを活用しよう

画面の右上から下にスワイプして、コントロールセンターを表示し、27ページの手順を参考に、♫のアイコンのページに切り替えます。[再生中]のコントロールが表示されるので、そこから楽曲の再生やボリュームの調整ができます。

## 曲の再生

[洋楽]の画面が表示された

ここでは[洋楽ヒッツ・トゥデイ]のプレイリストを選択する

❶[洋楽ヒッツ・トゥデイ]のプレイリストをタップ

プレイリストの再生画面が表示された

❷[再生]をタップ

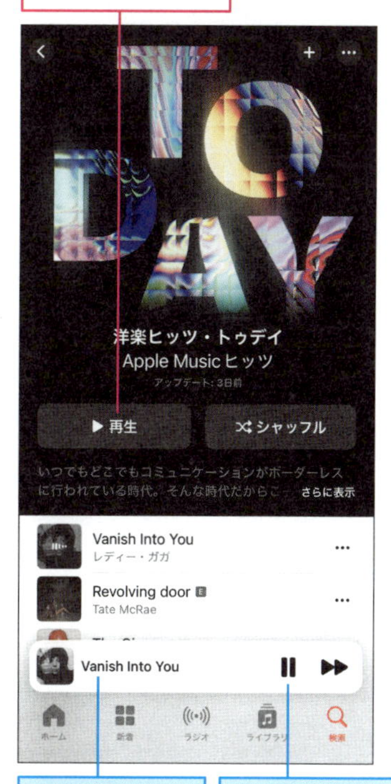


画面下に曲名が表示され、曲が再生された

ここをタップすると、曲が一時停止する

画面下の曲名をタップすると、150ページの再生画面が表示される

次のページに続く

## 曲のダウンロード

ここでは前ページで再生した曲をダウンロードする

❶ここをタップ

### 音楽を聴きながら他のアプリが利用できる

音楽を再生中、**ホーム画面に戻り、他のアプリを起動すると、音楽を再生したまま、他のアプリを操作できます**。音楽再生の操作は、147ページのPointを参考に、コントロールセンターから操作します。再生中に着信があったときは、音楽の再生が中断され、着信音が鳴ります。通話中は音楽が一時停止しますが、通話が終了すると、音楽の再生が再開します。

ライブラリの同期についての画面が表示されたら、[ライブラリの同期をオンにする]をタップしておく

❷ここをタップ

曲がダウンロードされ、アイコンの形が変わった

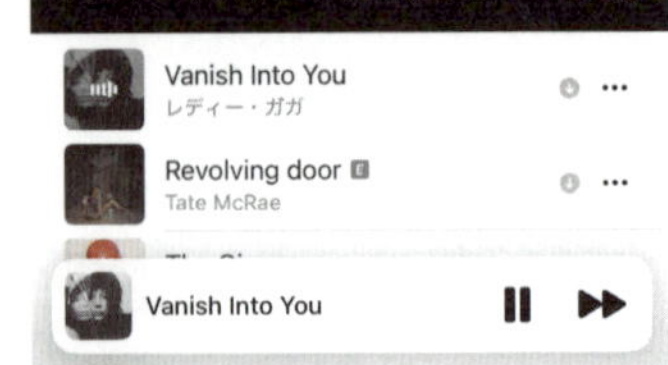


[ライブラリ]をタップすると、次ページの[ライブラリ]画面が表示される

### イヤホンで音楽を楽しむには

iPhone 16eには一般的な3.5mmのイヤホンマイク端子がありません。イヤホンで音楽を聴くには、**USB-C端子に接続可能な市販のイヤホンマイク**を購入するか、別売りの「USB-C - 3.5mmヘッドフォンジャックアダプタ」を用意する必要があります。また「AirPods」や「AirPods Pro」などの**別売りのワイヤレスイヤホン**、市販のBluetooth接続のワイヤレスイヤホンを利用できます。Bluetooth接続の方法は、ワザ093を参照してください。

## [ライブラリ]の画面の構成

**❶ライブラリ**
曲の一覧が表示される

**❷プレイリスト**
プレイリストごとに曲が表示される

**❸アーティスト**
アーティストごとに項目が表示される

**❹アルバム**
アルバムごとに項目が表示される

**❺曲**
曲ごとに項目が表示される

**❻ダウンロード済み**
iPhoneにダウンロードしてある曲のみ表示される

**❼最近追加した項目**
最近追加した項目が表示される

**❽Apple Music**
Apple Music（**ワザ060**）を登録すると、定額聴き放題が利用できる

**❾検索**
曲を検索できる

次のページに続く

## ［ミュージック］の再生画面の構成

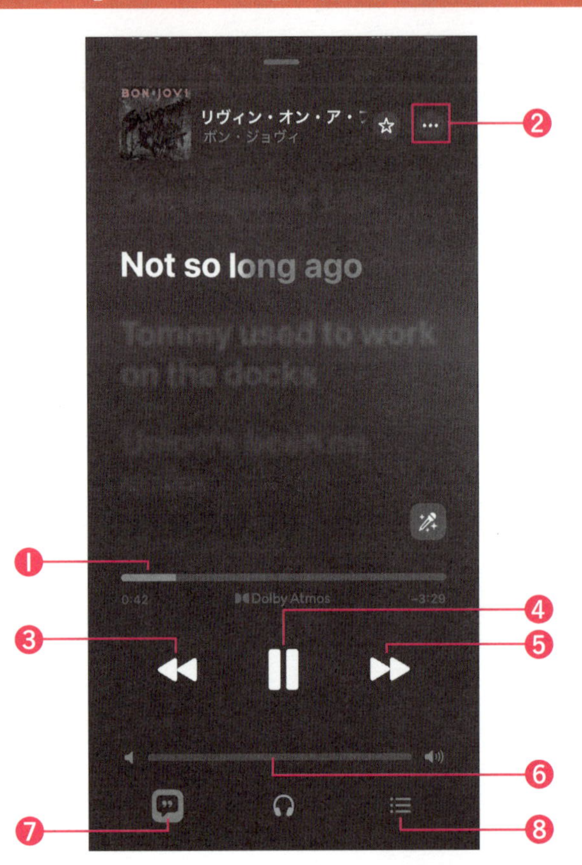


**❶再生ヘッド**
再生位置を変更できる

**❷メニュー**
曲の共有や削除、プレイリストへの追加などの操作メニューを表示できる

**❸前へ／早戻し**
前の曲を再生する。ロングタッチで早戻し（巻き戻し）ができる

**❹再生／一時停止**
曲の再生や一時停止ができる

**❺次へ／早送り**
次の曲を再生する。ロングタッチで早送りができる

**❻音量**
音量を調整できる

❼再生中の曲の歌詞が表示される。歌詞が表示されない曲もある

❽［次に再生］の画面が表示される

# 062 定額サービスを解約するには

## サブスクリプションの設定

音楽や映像などの配信サービスには、毎月一定額を支払うことで「使い放題」になるサブスクリプションサービスがあります。こうしたサービスは自動的に支払いが継続されるため、途中で辞めたいときは、[設定]から契約の状況を確認したり、停止できます。

ワザ056を参考に、[アカウント]画面を表示しておく

❶自分のアカウントをタップ

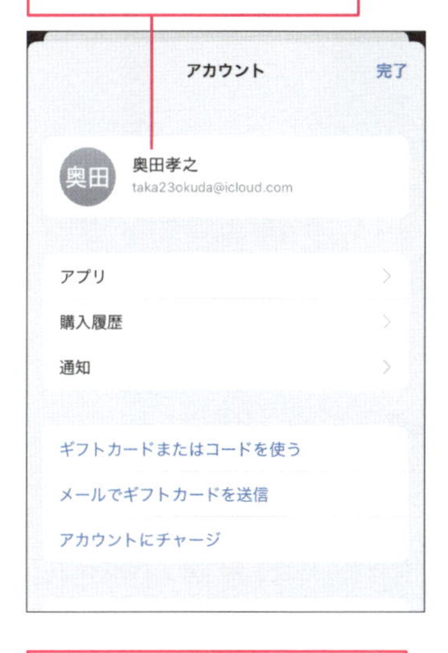


❷[サブスクリプション]をタップ

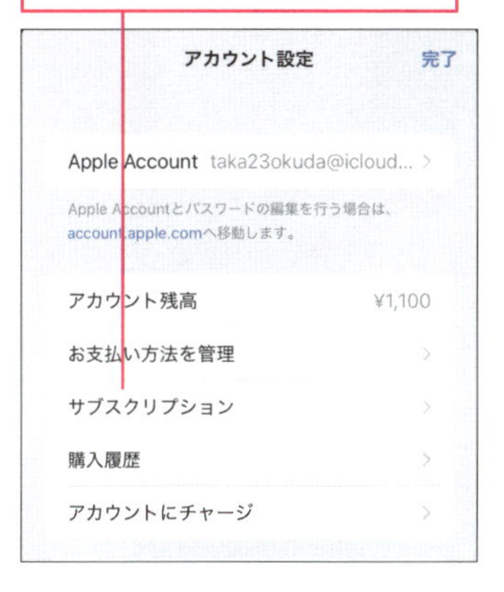


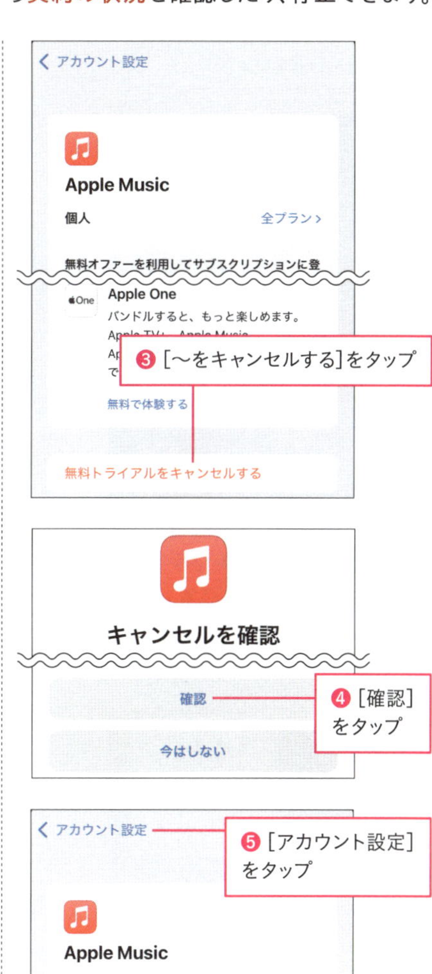


❸[〜をキャンセルする]をタップ

❹[確認]をタップ

❺[アカウント設定]をタップ

料金が自動で請求されなくなる

# 063 アプリを並べ替えるには

## アプリの整理

ホーム画面に配置されているアプリは、自分の好きなように並べ替えることができます。よく使うアプリを最初に開くホーム画面に並べたり、アプリの種類ごとにまとめることによって、効率よく操作できるようになり、iPhoneを快適に使えるようになります。



❶アイコンの間をロングタッチ

初回操作時は、[ホーム画面を編集]の画面で[OK]をタップする

アイコンが波打つ表示になった

❷アイコンを移動先までドラッグ

アイコンが移動した

❸[完了]をタップ

アイコンの配置が変更できた

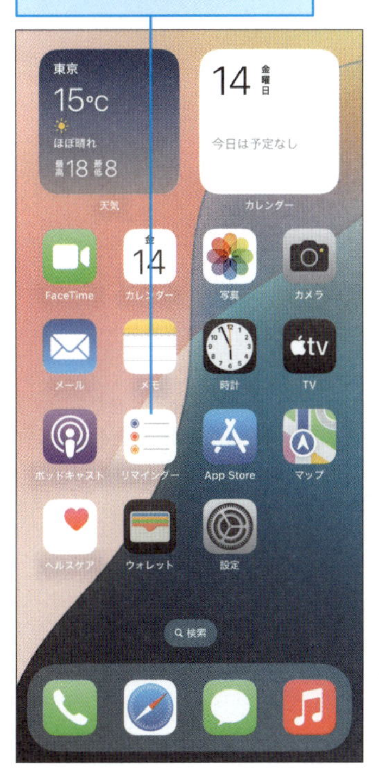

## ホーム画面の次のページが追加される

アプリをインストールすると、ホーム画面にアプリのアイコンが追加されますが、**ひとつのホーム画面にアイコンが埋まると、自動的にホーム画面の次のページが追加**されます。インストールしたアプリが見つからないときは、ホーム画面をスワイプしてみましょう。また、ホーム画面をくり返し左にスワイプしたときに表示される「アプリライブラリ」でもアプリを検索することができます。

## Dockのアプリも入れ替えられる

ホーム画面の最下段に表示されている「Dock」は、ホーム画面を次のページに切り替えても常に同じアプリが表示されます。出荷時は［電話］［Safari］［メッセージ］［ミュージック］が登録されていますが、**自分の使い方に合わせて、自由に変更**できます。このワザで説明した並べ替えを参考に、［カメラ］や［メール］など、自分がよく使うアプリをDockに収納しておくと便利です。必要に応じて、入れ替えましょう。

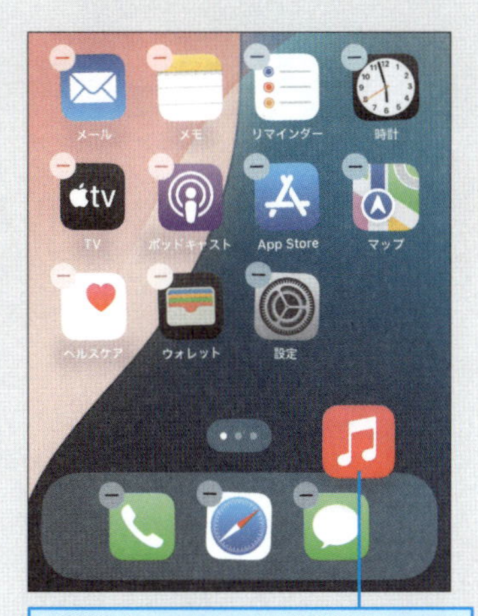


前ページの操作で、Dockのアプリも自由に入れ替えられる

# 064 アプリをフォルダにまとめるには

フォルダ

ホーム画面にたくさんのアプリが配置されると、目的のアプリを探しにくくなります。そんなときは同じカテゴリーや利用シーン別にアプリをフォルダーにまとめることができます。あまり使わないアプリも整理しておけば、ホーム画面が見やすくなります。



**ワザ063**を参考に、アイコンが波打つ表示にしておく

❶まとめるアプリのアイコンをほかのアプリのアイコンの上にドラッグ

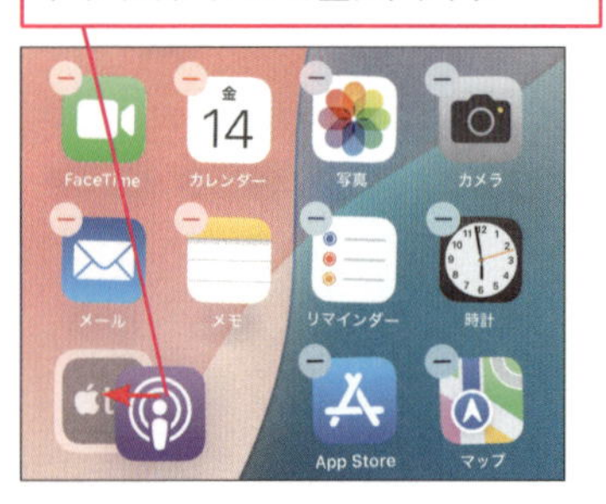


❷フォルダをタップ

ここをタップすると、フォルダ名を変更できる

❸フォルダの外をタップ

画面右上の［完了］をタップすると、通常の状態に戻る

## フォルダを上手に活用しよう

フォルダを使うと、ホーム画面を整理しやすくなります。たとえば、「動画サービス」「SNS」など、用途別にアプリをまとめることで、ホーム画面がすっきりした見た目になります。1つのフォルダには100以上のアプリを登録できるので、たくさんアプリがインストールされていてもフォルダーにまとめることで、ホーム画面を何回もスワイプする手間を省けます。

## フォルダを削除するには

フォルダを削除したいときは、フォルダからすべてのアプリを外にドラッグします。フォルダからアプリがなくなると、自動的にフォルダが消滅します。

# 065 ウィジェットをホーム画面に追加するには

ウィジェット

ホーム画面に天気やニュース、スケジュールなどの情報を常に表示することが可能です。ウィジェットというミニアプリをホーム画面に配置することで、個別のアプリをいちいち起動しなくても、ホーム画面で最新情報をすぐに確認できます。

**ワザ063**を参考に、アイコンが波打つ表示にしておく

❶［編集］をタップ

❷［ウィジェットを追加］をタップ

ここでは［時計］のウィジェットを追加する

❸［時計］をタップ

ここを左右にスワイプすると、サイズなどが変更できる

❹［ウィジェットを追加］をタップ

ホーム画面に横長のウィジェットが追加された

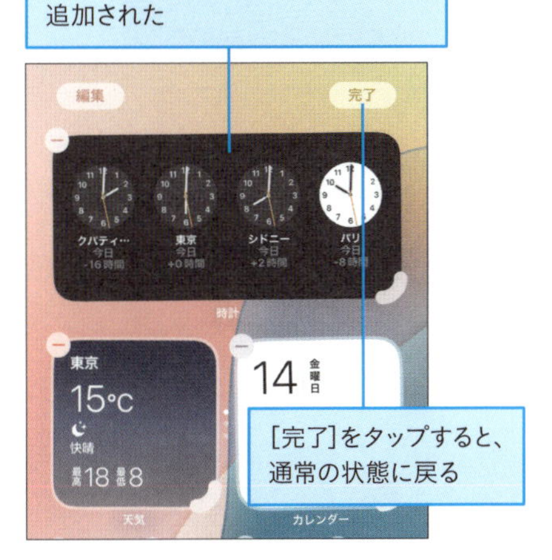


［完了］をタップすると、通常の状態に戻る

# 066 不要なアプリを整理するには

## アプリの削除

あまり使わないアプリは、ホーム画面から片付けて、整理しましょう。ホーム画面からアプリを取り除き、表示させない方法とアプリを削除する方法があります。前者の方法なら、必要なときにアプリライブラリから、すぐに起動できます。



### ホーム画面からアプリを取り除く

ここでは［YouTube］のアプリを移動する

❶ホーム画面から取り除くアプリをロングタッチ

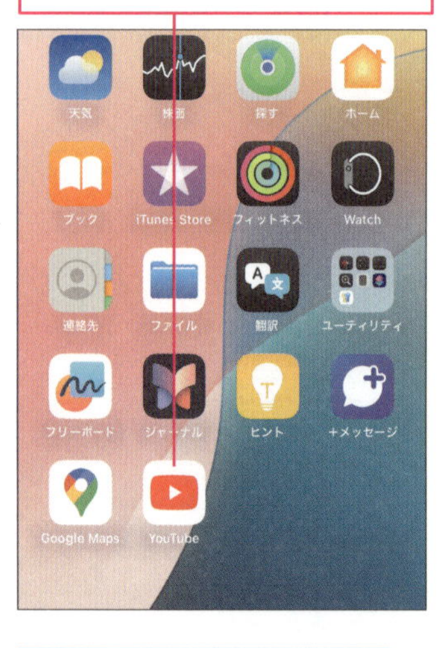


アプリのメニューが表示された

❷［アプリを削除］をタップ

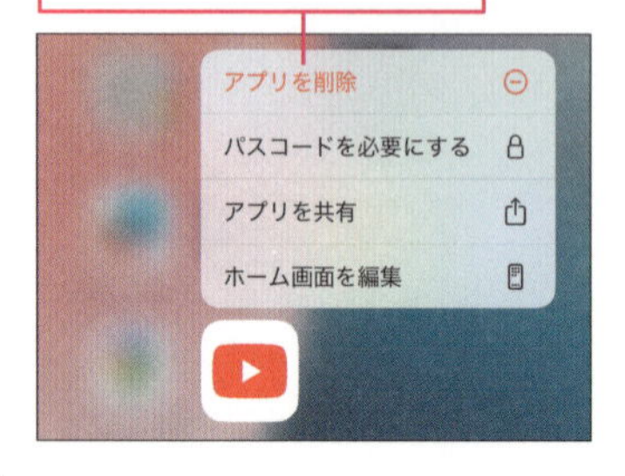


❸［ホーム画面から取り除く］をタップ

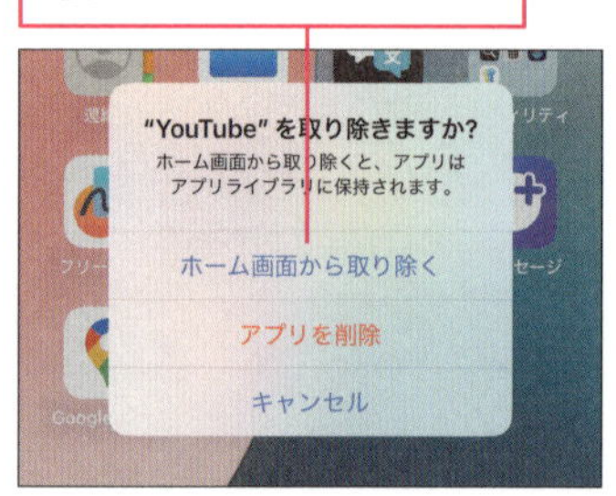


［YouTube］のアプリがホーム画面から取り除かれ、アプリライブラリに移動した

**アプリが持つデータも削除される**

アプリを削除すると、**アプリの設定やデータも削除**されます。そのアプリをもう一度、インストールすると、アプリの再設定が求められたり、ゲームは最初からプレイし直す必要があります。

## アプリの削除

**ワザ005**を参考に、ホーム画面を切り替えておく

❶削除するアプリをロングタッチ

アプリのメニューが表示された

❷［アプリを削除］をタップ

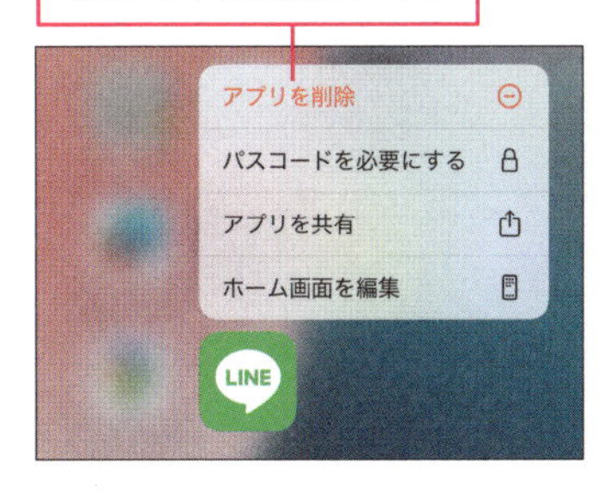


アプリの削除を確認する画面が表示された

❸［アプリを削除］をタップ

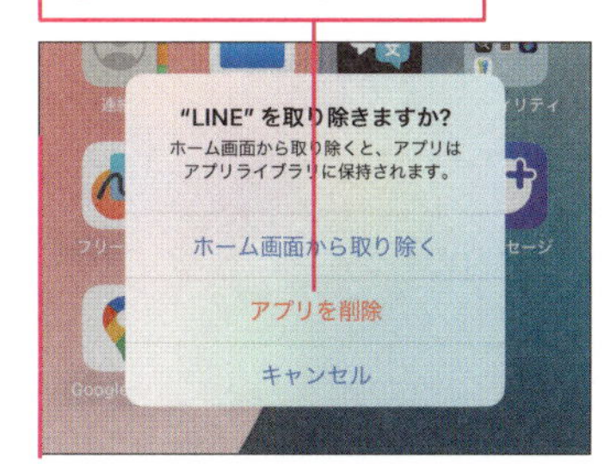


❹［削除］をタップ

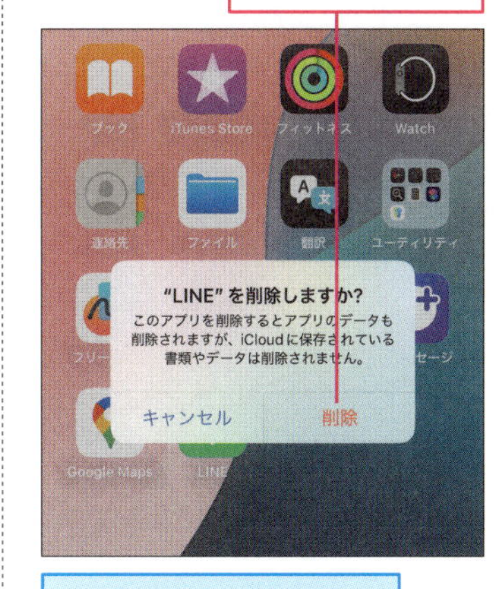


アプリが完全に削除される

次のページに続く

## アプリライブラリからのアプリの削除

ホーム画面を一番右までスワイプしておく

ここでは156ページでホーム画面から移動した［YouTube］のアプリを削除する

アイコンが小さく表示されているときは、一度、タップする

❶アイコンをロングタップ

❷［アプリを削除］をタップ

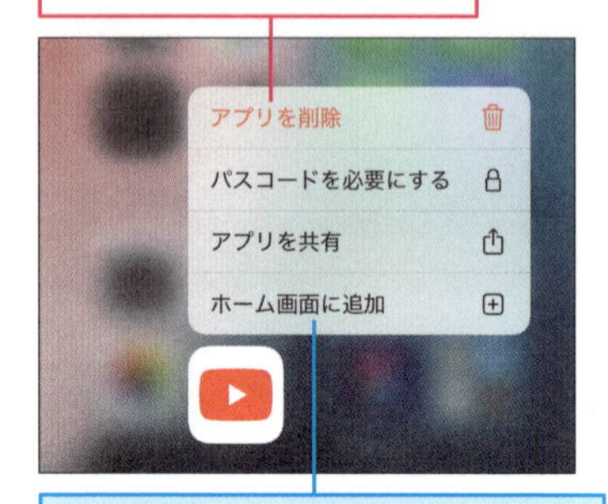


［ホーム画面に追加］をタップすると、ホーム画面にアプリアイコンが表示される

［アプリを削除］が表示されないアプリは削除できない

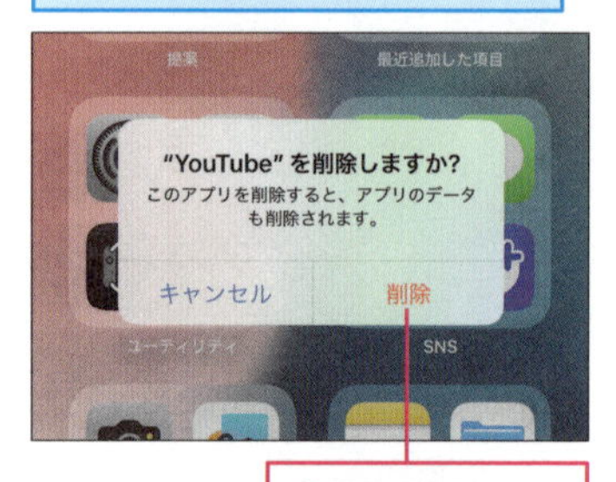


❸［削除］をタップ

アプリが完全に削除される

**Point**

### 使わないアプリは積極的に断捨離しよう

アプリライブラリはiPhoneにインストールされているすべてのアプリがカテゴリ別に分類されています。もし、これらの中にまったく使わないアプリがあるときは、思い切って、削除してしまいましょう。**使わないアプリを削除すれば、本体の空き容量を増やす**ことができます。本体のストレージ容量が足りないというメッセージが出てきたら、まずはアプリの「断捨離」をオススメします。

# 第 7 章

# 写真と動画が楽しくなる快適ワザ

# 067 いろいろな方法で撮影するには

## 撮影モード

［カメラ］アプリを起動すると、中央にファインダー画面が表示されます。下段の「写真」や「ポートレート」は撮影モードで、左右にスワイプすると、さまざまな撮影モードに切り替えられます。画面の比率も変更できます。



## ［カメラ］の画面構成

❶**フラッシュ**
フラッシュのオン/オフ/自動を切り替える

❷［カメラ］の設定を表示する

❸**Live Photos**
Live Photosのオン/オフを切り替える。オフのときはアイコンに斜線が表示される

❹**ズーム**
ズームの倍率を変更できる。機種によって選択できる倍率が異なる

❺背面側カメラと前面側カメラを切り替える

❻直前に撮影した写真や動画が表示される

❼**シャッターボタン**
写真の撮影や動画の撮影開始・終了時にタップする

❽**撮影モード**
［カメラ］には以下の表のように6つの撮影モードが用意されている。左右にスワイプすると、撮影モードが切り替わる

| 撮影モード | 特長 |
|---|---|
| タイムラプス | 同じ場所で一定時間の動きを撮影し、撮影時よりも短い時間で再生する方法。雲や道路の動きを撮影すると、ユニークな動画になる |
| スロー | スローモーション効果を加えた動画を撮影できる |
| ビデオ（**ワザ071**） | 動画を撮影できる。撮影中にシャッターボタンで静止画を撮影できる |
| 写真（**ワザ021**） | 静止画を撮影できる。Live Photosでは数秒間の動きを捉えた写真を撮影可能 |
| ポートレート（**ワザ070**） | 人物撮影時にのみ使える撮影モードで、被写界深度の効果を活かし、背景をぼかしながら、主な被写体を際立たせた写真が撮影できる |
| パノラマ | iPhoneを動かしながら撮影し、ワイドな写真を生成できる |

### 撮影モードや操作によって、画面が切り替わる

iPhoneの［カメラ］アプリは、撮影モードや操作によって、表示される画面の内容が切り替わります。たとえば、撮影モードを［ビデオ］に切り替えると、ファインダーは上下に拡大し、最上段に録画時間が表示されます。ファインダー内の「1x」や「2x」をタップすると、ズームができます。

### 自分撮りをするには

［カメラ］アプリで右下のをタップすると、背面カメラと前面カメラを切り替わり、前面カメラでは自分撮りができます。［ポートレート］や動画の撮影も可能です。

ここをタップすると、本体前面のカメラに切り替わる

## 色味を変更して撮影

ワザ021を参考に、［カメラ］を起動しておく

❶ここをタップ

設定メニューが表示された

❷ここをタップ

次のページに続く

## 暗い場所では自動的にナイトモードに切り替わる

[カメラ] アプリは、周囲が暗いところで撮影しようとすると、自動的に「ナイトモード」に切り替わり、より明るく写真が撮影できます。ナイトモードではシャッターをタップしたとき、光を取り込む時間などを調整して、撮影されます。撮影時には手ぶれが起きないように、しっかりと本体を持って、撮影しましょう。ナイトモードをオフにしたいときは、左上のアイコンをタップします。

# 068 ズームして撮影するには

## ズーム

iPhone 16eは少し離れた被写体に寄って撮影できる「ズーム」が利用できます。ズームできる倍率は「1x」「2x」で、［写真］モードではデジタルズームを利用し、最大10倍までズームができます。ただし、デジタルズームは画質がやや低下します。

ズーム倍率を示すダイヤルが表示された

❸ここをドラッグして、倍率を調整

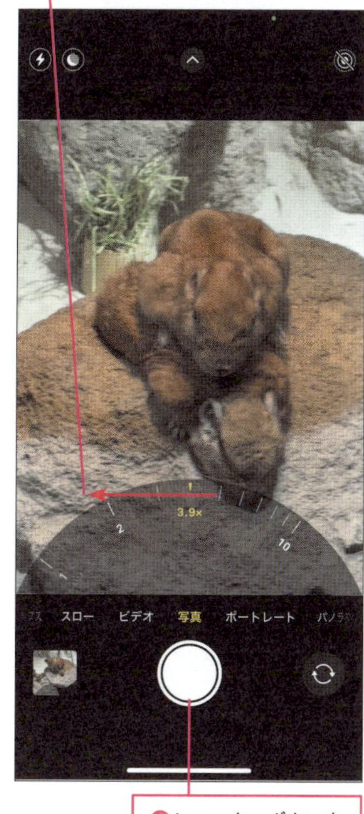


❹シャッターボタンをタップ

# 069 すばやく動く被写体を撮影するには

## 連写（バーストモード）

動きの速い被写体はシャッターチャンスを逃したり、思うように写真が撮影できないことがあります。そのようなときはバーストモードが便利です。シャッターボタンを左にスワイプしたままにすると、バーストモードで連写ができます。

❷シャッターボタンから指を離す

連写が終了する

### 本体を横向きに構えても連写できる

iPhoneを横向きに構え、シャッターボタンが右側に表示されているときは、シャッターボタンを下向き（本体長辺側）にスワイプすると、連写ができます。

ここでは続けて、連写した写真を表示する

❸写真をタップ

［バースト］と表示され、連写した枚数が表示された

❹［バースト］をタップ

連写した写真が表示された

❺左右にスワイプして、好みの写真を表示

❻ここをタップして、チェックマークを付ける

❼［完了］をタップ

❽［～枚のお気に入りのみ残す］をタップ

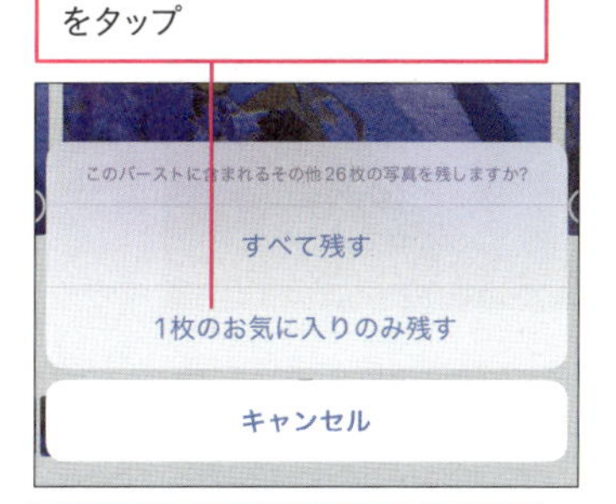


選択した写真のみが保存される

［すべて残す］をタップすると、連写したすべての写真が保存される

# 070 美しいポートレートを撮るには

## ポートレート

人物を撮影するときは、撮影モードを［ポートレート］に設定します。ポートレートは肖像画や肖像写真という意味で、奥行のある場所で撮影すると、背景をぼかし、人物を際立たせた雰囲気のある写真を撮ることができます。



**ワザ021**を参考に、［カメラ］を起動しておく

❶画面を左にスワイプ

［ポートレート］の［自然光］に表示が変わった

❷シャッターボタンをタップ

**Point**

### 「近づいてください。」と表示されたときは

撮影モードを［ポートレート］に切り替えたとき、「近づいてください。」と表示されることがあります。人物など、主な被写体との距離が離れていて、効果的なポートレート写真が撮れないことをガイドしています。被写体に少し近づいて、撮影しましょう。

## 照明の効果を選択できる

［ポートレート］モードでは画面中央下のアイコンを左右にスワイプすると、照明の効果（ポートレートライティング）を選ぶことができます。［スタジオ照明］では顔がやや明るめに、［コントゥア照明］では顔のディテールが強調され、［ステージ照明］では顔にスポットライトが当たり、背景が暗くなります。［ハイキー照明（モノ）］では背景が白くなり、人物が浮かび上がったような写真が撮影できます。迷ったときは［自然光］で撮っておきましょう。撮影後に［写真］アプリで編集すれば、照明効果を変更できます。

ここを左右にスワイプすると、照明の効果を変更できる

## ［ポートレート］モードに適した撮影場所は？

撮影場所を選ぶと、［ポートレート］モードをより活かした写真を撮ることができます。たとえば、前ページのように、背景が見通せる場所では、程良く背景がボケて、雰囲気のある写真が撮影できます。逆に、人物の手前に木々などをぼかして、人物にピントを合わせたポートレート撮影もできます。また、ポートレート撮影では被写体との距離感をつかむことが大切です。被写体ではなく、撮影者が動くことで、距離を調整し、ポートレートに適した構図を作り出すように心がけましょう。

被写体の手前にぼかすものを用意して撮ると、印象的な写真に仕上がる

# 071 動画を撮影するには

## ビデオ



iPhoneで動画を撮影するには、［カメラ］アプリの画面を右にスワイプして、撮影モードを［ビデオ］に切り替えます。撮影モードが［写真］のとき、シャッターボタンを右にスワイプして、動画を撮影することもできます。

ワザ021を参考に、［カメラ］を起動しておく

❶画面を右にスワイプ

撮影中は赤く表示される

もう一度、タップすると、動画の撮影が終了する

### 動画をズームして撮影できる

［カメラ］アプリの画面に指を当て、2本の指を広げたり（ピンチアウト）、狭めたり（ピンチイン）すると、ズームの調整ができます。iPhone 16eでは画面内の［2］をタップすると、2倍ズームにすぐに切り替えられます。［1］をタップすると、元の1倍に切り替えられます。

## スローモーションビデオを撮影できる

撮影モードを［スロー］に切り替えると、スローモーションで撮影ができます。**動きの速い被写体を撮るときなどに便利**です。画面右上の［120］と［240］をタップすると、**スローモーションの速度が変更**できます。［120］は120fps（毎秒120フレーム）、［240］は240fpsで撮影します。［240］の方がよりなめらかなスローモーションが撮影できます。

前ページの手順1で画面を右にスワイプして［スロー］に切り替える

## ［写真］モードのままですばやく動画を撮影できる

［カメラ］を起動して、［写真］モードのまま、**シャッターボタンをロングタッチ**すると、タッチしている間だけ動画撮影ができます。連続して動画撮影をしたいときには、右の画面を参考にシャッターボタンを錠前のアイコンまでドラッグすると、［ビデオ］モードの場合と同様に、連続して撮影ができます。ただし、注意したいのは［写真］モードの画角に適用されている点です。［ビデオ］にしたときの16:9ではなく、4:3や1:1で撮影されます。

タッチしながら、ここまでドラッグすると、指を離しても動画が撮影され続ける

# 072 撮影した場所を記録するには

## 位置情報サービス

[設定]アプリで位置情報サービスをオンにして、位置情報を取得できる場所で撮影すると、写真に位置情報(ジオタグ)が追加されます。後で写真を見たとき、撮影した場所を住所や地図で確認することができます。



ワザ023を参考に、[設定]の画面を表示しておく

❶[プライバシーとセキュリティ]をタップ

位置情報サービスの設定を確認する

❷[位置情報サービス]をタップ

❸[位置情報サービス]がオン、[カメラ]が[使用中のみ]になっていることを確認

ここをタップすると、アプリの位置情報の利用をオフにできる

**Point [カメラ]の初回起動時に設定できる**

[カメラ]アプリをはじめて起動したとき、位置情報サービスの利用を確認する画面が表示されることがあります。[OK]をタップすると、位置情報サービスが有効に設定されます。

# 073 写真に写った文字を読み取るには

**文字認識**

［写真］アプリで文字が写った写真を表示し、文字の部分を長押しすると、文字が認識されます。表示されたメニューで［コピー］を選んだり、［翻訳］で翻訳したり、［Webを検索］で認識した文字で検索することもできます。

ワザ022を参考に文字が写った写真を表示しておく

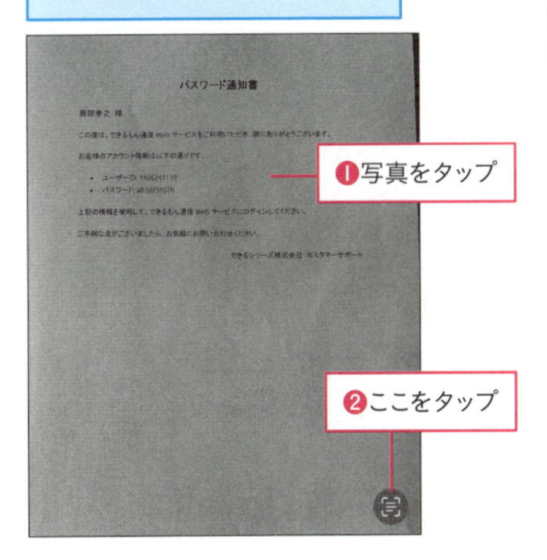


写真から認識された文字列がハイライト表示された

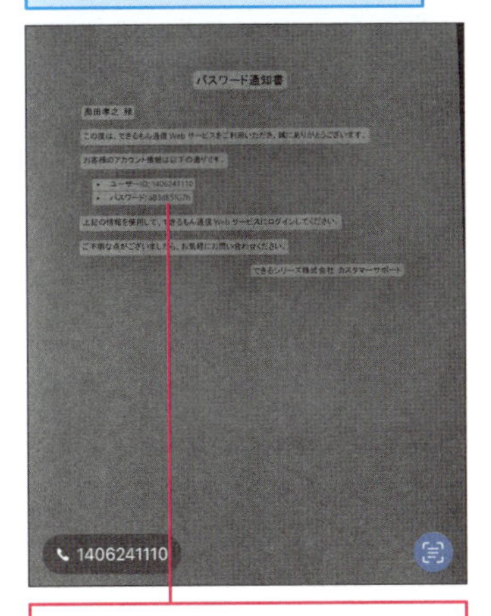


［コピー］をタップすると文字がコピーされる

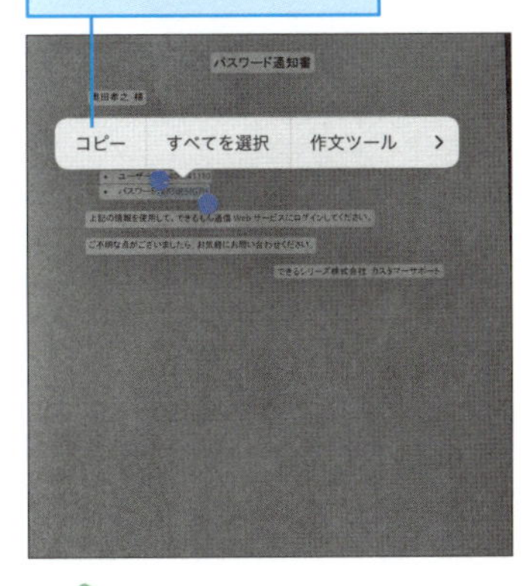


**Point**

### 撮影するときにも文字認識ができる

［カメラ］アプリで撮影するときも文字を認識できます。［カメラ］アプリで右下のアイコンをタップすると、文字が認識されます。認識した部分をタップすると、コピーしたり、翻訳したりできます。

# 074 撮影日や撮影地で写真を表示するには

**[写真]アプリ・ライブラリ**

写真や動画を見るときは、［写真］アプリを使います。iPhoneで撮影したものだけでなく、iCloudで同期したり、Webページからダウンロードした写真や動画、スクリーンショットなども［写真］アプリで表示できます。



## 撮影日で写真を表示

**Point 写真を並べ替えて表示できる**

［写真］アプリで写真を表示したとき、画面最下段の左下のアイコンをタップすると、撮影日順で並べ替えたり、［フィルタ］で写真やビデオだけに絞り込んで表示できます。

## 撮影地で写真を表示

ワザ022を参考に、写真の一覧を表示しておく

❶[×]をタップ

写真のメニューが表示された

❷メニューを上にスワイプ

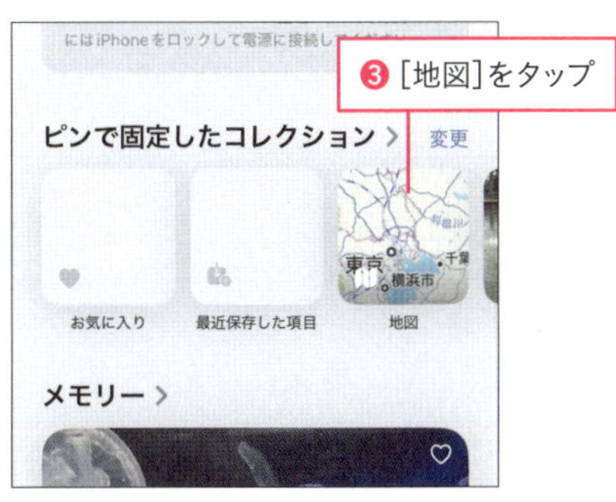


❸[地図]をタップ

写真が地図上に表示された

[<]をタップすると、地図が閉じる

ピンチ操作で地図を拡大・縮小して表示できる

### Point 写真を検索できる

[写真]アプリはさまざまなキーワードで検索できます。地名をはじめ、「カレー」「水族館」といった**被写体の名前**、「領収書」などの**写真内の文字も検索**できます。

ここをタップ

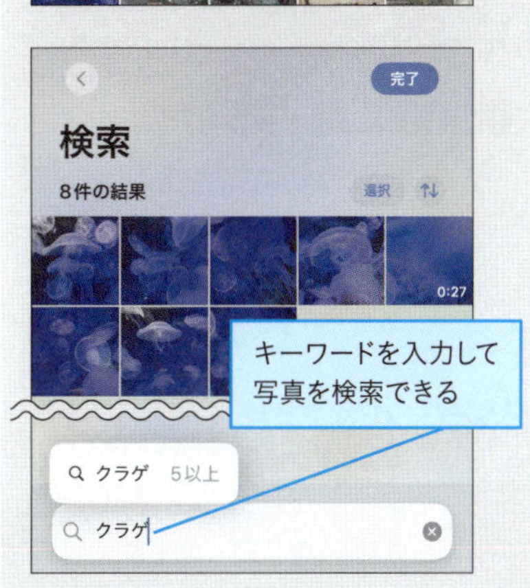


キーワードを入力して写真を検索できる

# 075 写真を編集するには

## 写真の編集

[写真]アプリは写真やビデオを表示するだけでなく、多彩な編集機能も備えています。切り出し（トリミング）や回転、傾き補正、明るさや色合いの調整などを使って、写真を編集することができます。



### 写真の編集画面を表示

**ワザ022**を参考に、編集する写真を表示しておく

「この写真は補正できません」と表示されたときは、[複製して編集]をタップする

写真の編集画面が表示され、画面の上下に補正と加工の項目が表示された

**編集した写真はいつでも元の状態に戻せる**

編集した写真は、もう一度、編集画面を表示させ、編集操作をやり直したり、取り消したりすることで、元の状態に戻すことができます。

## 写真の補正・加工項目

❶**キャンセル**
編集内容を破棄する

❷**保存**
編集内容を保存する

❸**マークアップ**
ペンなどで写真に描き込む

❹**Live Photos**
Live Photosで撮影された写真の一覧を表示できる

❺**調整**
写真を修整できる。露出など16項目から設定可能

❻**フィルタ**
写真の色合いを変更できる

❼**切り取り**
不要な部分を取り除いて、写真を切り抜ける

❽**クリーンアップ**
写真から特定の被写体を消去できる

## 写真のトリミング

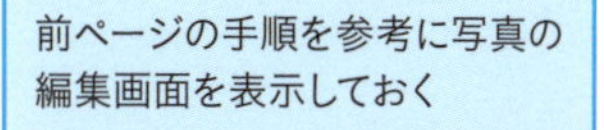

次のページに続く

トリミングの範囲を選択できた

❸ここをタップ

[…]をタップして、[オリジナルに戻す]をタップすると、元の状態に戻る

## 写真の中の対象物を自動的に切り出せる

[写真] アプリではトリミングや回転などの編集のほかに、人物や建物、料理など、写真の一部を切り抜くように切り出すことができます。対象物をロングタッチすると、そこだけが切り出され、表示されたメニューから[コピー]して、[メモ]アプリなどに貼り付けたり、[共有] からメールに添付したり、ステッカーに追加したりできます。

ロングタッチすると、写真の中の対象物を切り出せる

# 076 写真を共有するには

## 写真の共有

メールやSNSなどを利用して、写真やビデオを共有してみましょう。共有できるサービスがアイコンで表示されるので、簡単に共有することができます。複数の写真をまとめて共有することもできます。

**ワザ022**を参考に、共有する写真を表示しておく

❶ここをタップ

写真の共有メニューが表示された

❷［メール］をタップ

### 写真をいろいろな方法で共有できる

ここでは写真をメールに添付していますが、手順2でX（旧Twitter）やFacebook、InstagramなどのSNSに投稿したり、AirDropで周囲に居る友だちや家族のiPhoneなどに転送することもできます。

次のページに続く

写真を添付したメールの作成画面が表示された

キャンセル

新規メッセージ 

宛先:

Cc/Bcc、差出人: taka23okuda@icloud.com

件名:

ワザ042を参考に、メールを送信する

Point

## 共有画面から多彩な機能が利用できる

手順1の右上にある［…］をタップして［スライドショーで再生］を選ぶと、［写真］アプリにある写真が音楽といっしょに自動表示されます。［アルバムに追加］を選ぶと、マイアルバム内の任意のフォルダに写真を登録したり、新規アルバムを作って、写真を整理できます。［非表示］は削除せずに、表示をオフにする機能です。ほかの人に見られたくないプライベートな写真などを分類するときに便利です。

Point

## 送信先のアプリを追加できる

前ページの手順2の画面で、アプリのアイコン一覧を左にスワイプして表示される［その他］をタップすると、写真を送れるアプリの一覧が表示されます。ここに表示されるのは、App Storeからダウンロードしたものを含む写真共有に対応するアプリです。この画面で右上の［編集］をタップし、［候補］にあるアプリの左の［+］をタップすると、手順2の画面に優先的に表示されます。逆に、アプリの右のスイッチをオフにすると、そのアプリは候補として表示されなくなります。

［その他］をタップ

写真を送れるアプリの一覧が表示された

# 077 近くのiPhoneに写真を送るには

AirDrop

「AirDrop」を使えば、近くに居るiPhone、iPad、Macを持つ人に、写真などを直接、送信できます。モバイルデータ通信を使わないので、サイズの大きいファイルを送信できますが、iPhoneやiPad、Mac以外には送信できません。

ワザ022を参考に、共有する写真を表示しておく

❶ここをタップ

❷［AirDrop］をタップ

❸送信する相手をタップ

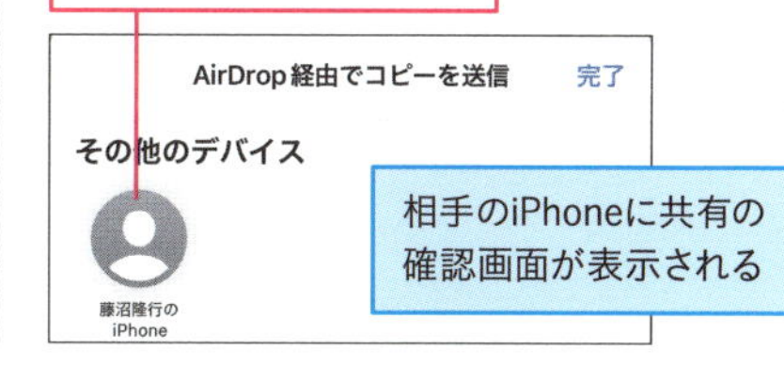


相手のiPhoneに共有の確認画面が表示される

**複数のファイルを同時に送れる**

手順2の画面で、写真を左右にスワイプしてタップすると、複数の写真を選んで送信できます。また、181ページの手順を参考に、写真の一覧から複数の写真を選択してから、画面左下のアイコン（）をタップしても同じように送信できます。

次のページに続く

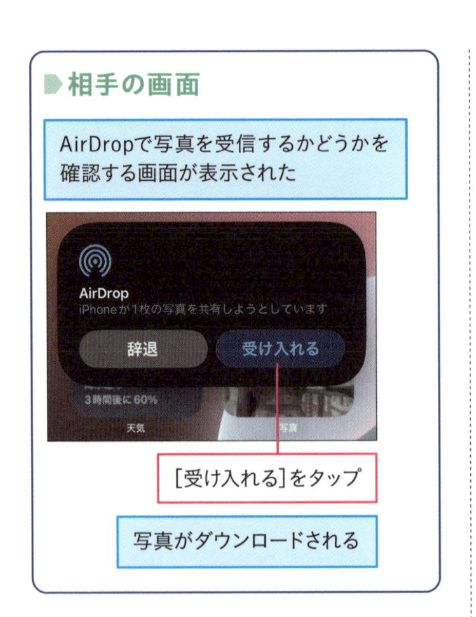

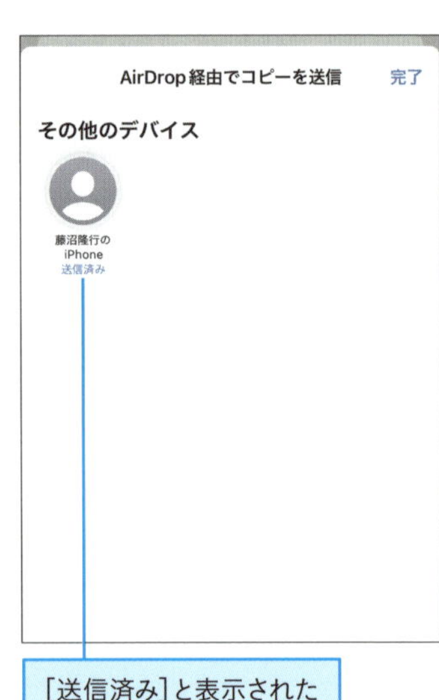


Point

## AirDropを受信できるようにするには

AirDropでファイルを受信するには、受信設定をオンにして、相手のiPhoneから自分のiPhoneを検出できるようにする必要があります。このとき、［すべての人（10分間のみ）］を選ぶと、公共交通機関や人混みの中で、他人のiPhoneに検出されてしまいます。普段は［受信しない］や［連絡先のみ］にしておき、必要なときに設定を変えるようにしましょう。

# 078 写真や動画を削除するには

## 写真や動画の削除

iPhoneのストレージの空き容量が足りなくなったら、不要な写真やビデオ（動画）を削除しましょう。特に、ビデオはサイズが大きいので、削除することで、容量の節約になります。残しておきたいものは、事前にバックアップしておきましょう。

ワザ022を参考に、[ライブラリ] の画面を表示しておく

❶[選択]をタップ

❷削除する写真をタップして、チェックマークを付ける

スワイプして、連続した写真を選択することもできる

❸ここをタップ

### 写真をバックアップするには

写真やビデオは、iCloud写真（ワザ079）をはじめ、GoogleフォトやOneDriveなどのサービスでバックアップできます。これらのサービスに保存しておけば、他のスマートフォンやパソコンでも写真やビデオをいつでも確認したり、ダウンロードすることができます。

次のページに続く

❹［写真～枚を削除］をタップ

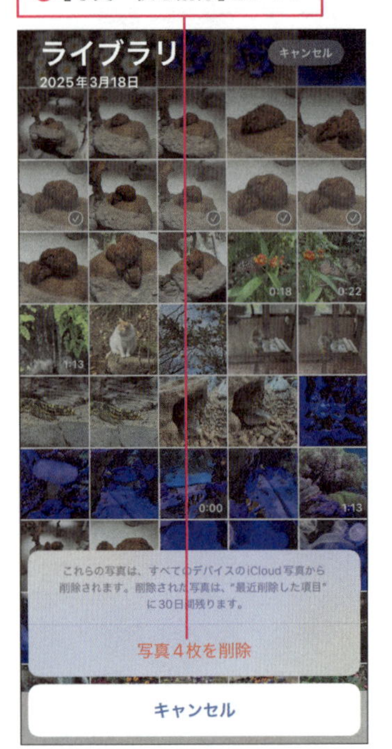


選択した写真が削除される

## 間違って削除したときは

削除した画像は写真のメニューにある［最近削除した項目］に一時的に保存されます（173ページ参照）。［最近削除した項目］の内容を表示するときは、Face IDでロックを解除する必要があります。本体の空き容量を増やしたいときには、ここからアイテムを選び、［削除］を実行すると、すぐに削除できます。そのままにしておくと、30日後に自動的に削除されます。

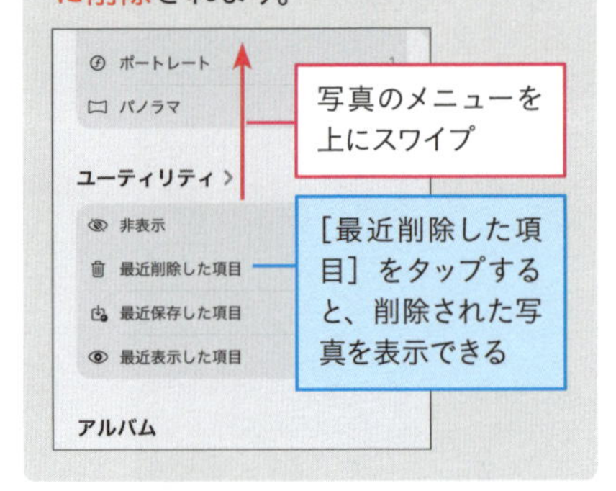


写真のメニューを上にスワイプ

［最近削除した項目］をタップすると、削除された写真を表示できる

## 写真を1枚ずつ削除してもいい

ここで解説している方法では、複数の写真をまとめて削除できますが、誤ってほかの写真もいっしょに削除してしまう恐れもあります。**ワザ022**を参考に、1枚の写真を表示した後、右下のごみ箱アイコンをタップして［写真を削除］をタップする方法なら、写真の内容を1枚ずつ確認しながら削除できます。

**ワザ022**を参考に、削除する写真を表示しておく

ここをタップ

# 079 iCloudにデータを保存するには

## iCloud写真

**ワザ024、ワザ025**でApple AccountとiCloudの設定をしておくと、撮影した写真やビデオのデータは「iCloud写真」に自動で保管されます。ここではiPhoneの中にある古い写真の保存方法を確認しておきます。

ワザ023を参考に、[設定]の画面を表示しておく

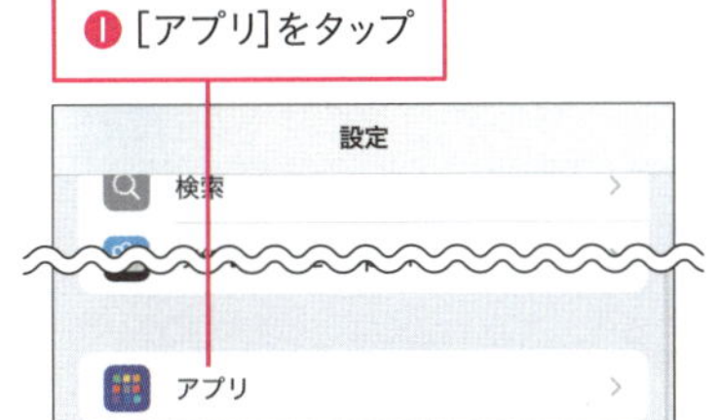


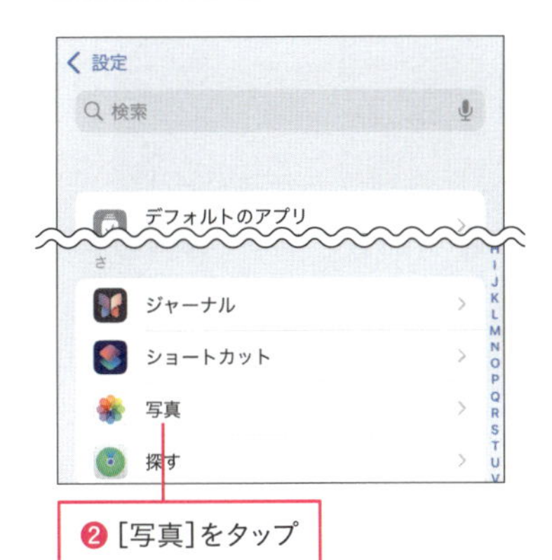


[iCloud写真]のここをタップすると、オン/オフを切り替えられる

[iPhoneのストレージを最適化]を選択すると、古い写真やビデオのオリジナルをiCloudに保管して、本体の空き容量を効率的に使える

### iCloud写真の保存容量は？

iCloud写真は写真やビデオを5GBまで無料で保存できます。期間の制限もありません。50GB（月額150円）から2TB（月額1,500円）までの3段階で、追加容量を購入可能です（**ワザ103**）。Apple Oneの個人プラン（月額1,200円）には50GB、ファミリープラン（月額1,980円）には200GBの保存容量が含まれます。

次のページに続く

## パソコンのブラウザー経由でも見られる

iCloud写真に保存した写真は、パソコンのブラウザーからiCloudのWebページにアクセスし、閲覧することができます。パソコンの画面で大きく表示したり、ダウンロードしてパソコンに保存できるので、便利です。

ワザ101を参考に、パソコンでiCloudのWebページにアクセスする

❶画面の指示に従って、2ファクタ認証の確認コードを入力

[このブラウザを信頼しますか?]と表示されたときは[信頼する]をクリックする

❷[写真]をクリック

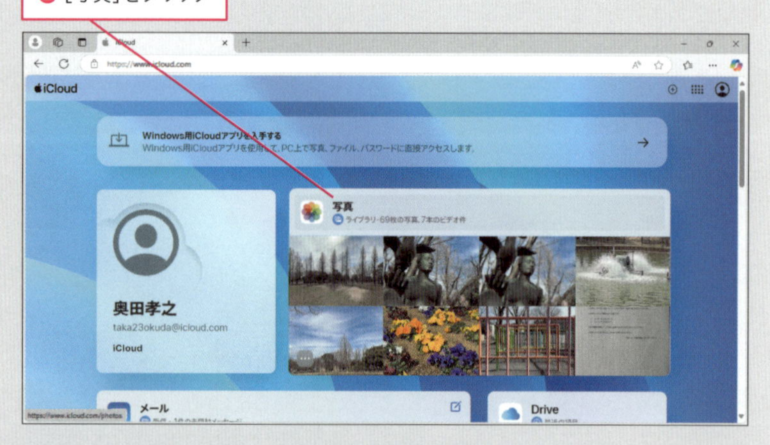


[iCloud写真]の画面が表示された

ここをクリックすると、パソコンにある写真をアップロードできる

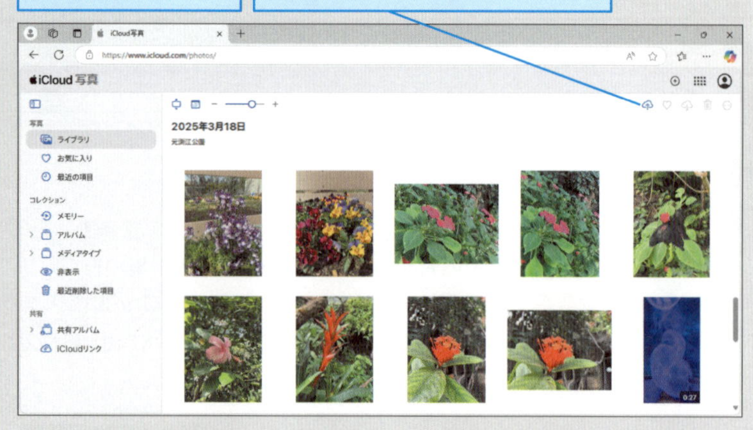


第7章 写真と動画が楽しくなる快適ワザ

# 第8章

# 快適に使えるようになる
# 設定ワザ

# 080 壁紙やロック画面を設定するには

## 壁紙

[設定] アプリの [壁紙] では、ロック画面とホーム画面の背景に、写真や天気に応じて変化する画像を設定したり、ロック画面のウィジェットやショートカットアイコンを設定するなどのカスタマイズができます。



ワザ023を参考に、[設定] の画面を表示しておく

❶画面を下にスクロール

❷[壁紙]をタップ

ここでは新しい壁紙を追加してから設定する

❸[新しい壁紙を追加]をタップ

### iPhoneで撮影した写真を壁紙にできる

手順4の画面で [写真] を選ぶと、撮影した写真の一覧画面が表示されるので、設定したい写真をタップします。ピンチ操作 (ワザ003) で写真を拡大し、写真の一部だけを壁紙にすることもできます。

### ウィジェットなども設定できる

手順6の画面で、日付や時刻、中段のウィジェット、下段のショートカットアイコンをタップすると、それぞれの要素を変更したり、追加したりできます。この日時やウィジェットの表示はロック画面のみで、ホーム画面には背景画像だけが設定されます。

画面上のアイコンをタップするか、画面を上下にスワイプすると、カテゴリー別の壁紙が表示される

❹画面を下にスクロールし、ここをタップ

❺［追加］をタップ

ここではホーム画面とロック画面の両方に壁紙を設定する

❻［壁紙を両方に設定］をタップ

❼［現在の壁紙に設定］をタップ

# 081 画面の自動回転を固定するには

## 画面縦向きのロック

アプリによっては、iPhoneを横向きに持つと、画面の表示も自動で回転し、画面が横長に表示されます。ベッドに横になって、iPhoneを使うときなどに［画面縦向きのロック］をオンにすると、画面が自動で回転しなくなります。



ワザ009を参考に、コントロールセンターを表示しておく

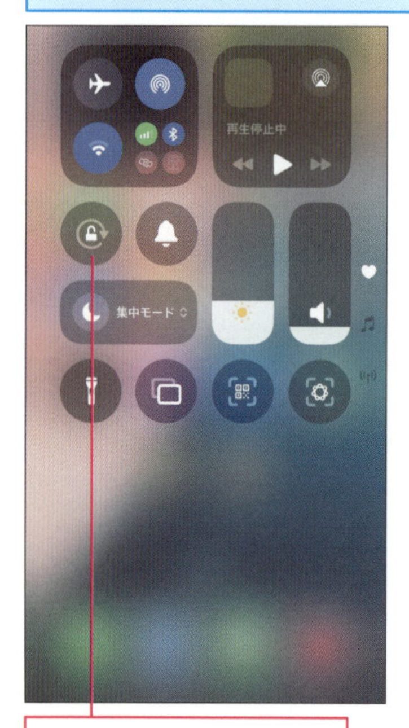


［画面縦向きのロック］をタップ

［画面縦向きのロック］がオンに設定された

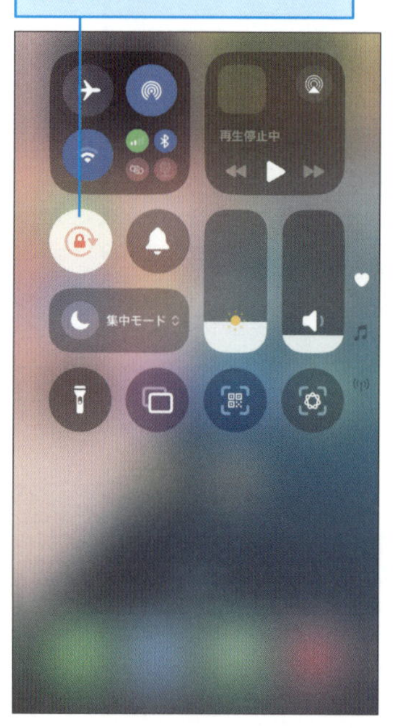

### コントロールセンターの項目はカスタマイズできる

コントロールセンターでアイコン以外の部分をロングタッチすると、表示されている項目をカスタマイズできます。各項目の移動や削除、［コントロールを追加］で別の項目を追加したり、自分の使い方に合わせて変更すると便利です。詳しくはワザ035で解説しています。

# 082 暗証番号でロックをかけるには

**パスコード**

iPhoneには連絡先やメール、決済情報など、大切な個人情報がたくさん記録されています。紛失や盗難に遭ったとき、iPhoneに保存された情報を不正に使われないように、パスコード（暗証番号）を設定しておきましょう。

## パスコードの設定

ワザ023を参考に、[設定]の画面を表示しておく

設定
検索
壁紙
通知
サウンドと触覚
集中モード
スクリーンタイム
Face IDとパスコード
緊急SOS
プライバシーとセキュリティ

❶画面を下にスクロールし、[Face IDとパスコード]をタップ

パスコードを設定済みのときは、設定したパスコードを入力すると、[Face IDとパスワード]の画面が表示される

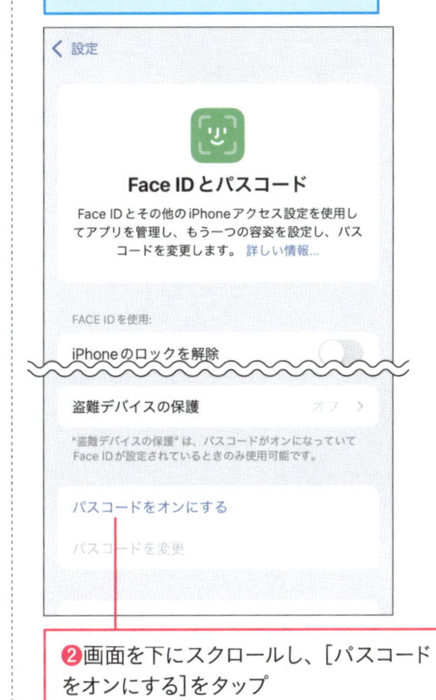

### パスコードは忘れないようにしよう

パスコードを忘れてしまうと、Apple Accountなどを使って、iPhoneをリセットする必要があります。リセットすると、同期やバックアップしていないデータが消えてしまいます。忘れにくく、他人に類推されにくいパスコードを設定しましょう。

次のページに続く

❸6けたのパスコードを入力

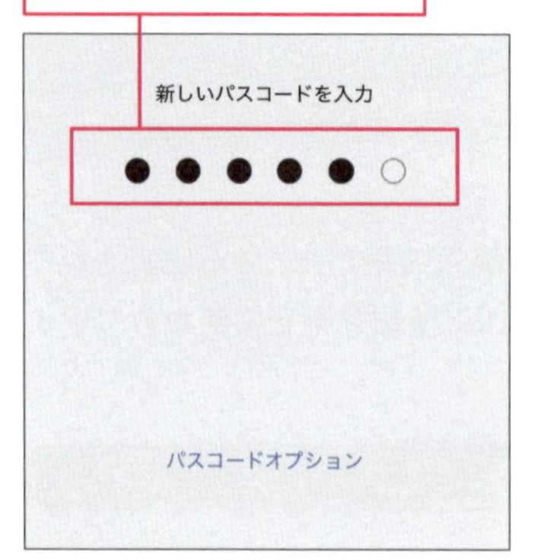


❹もう一度、同じ6けたのパスコードを入力

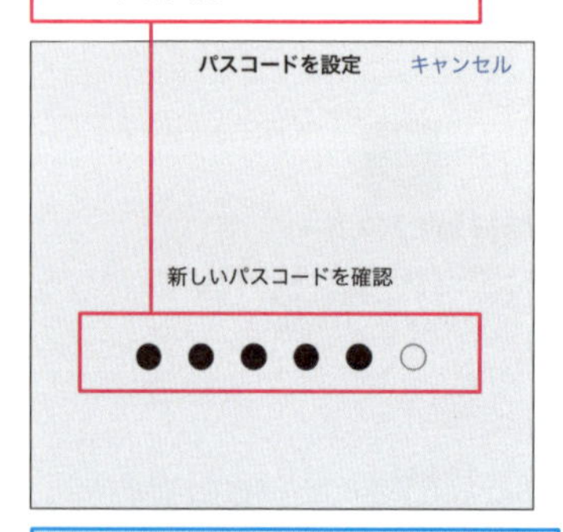


[Apple Accountパスワード] 画面が表示されたときはパスワードを入力してサインインしておく

表示が [パスコードをオフにする] に切り替わった

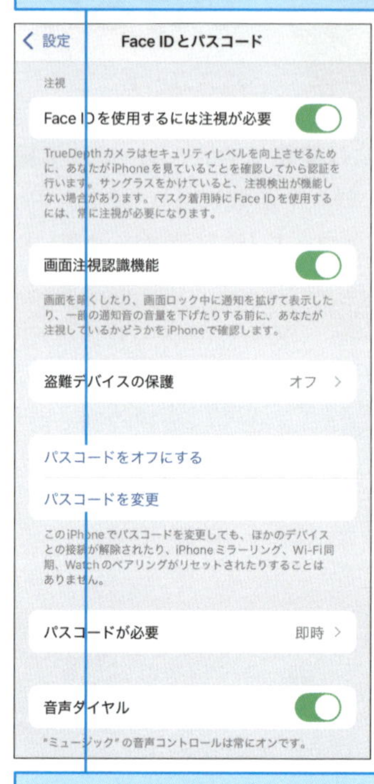


[パスコードを要求] をタップすると、パスコードが要求されるまでの時間を設定できる

### より複雑なパスコードを設定できる

ここでは6けたの数字によるパスコードを設定しましたが、前ページの手順3の画面で [パスコードオプション] をタップすると、**4けたの数字**によるパスコードや**英数字を含めたパスコード**を設定できます。ビジネスで使うなど、より高いセキュリティが必要なときは、より複雑なパスコードを設定しましょう。

英数字を組み合わせた複雑なパスコードも設定できる

4桁の数字コード
6桁の数字コード
カスタムの数字コード
カスタムの英数字コード
キャンセル

## パスコードロックの解除

### ロックまでの時間を変えるには

iPhoneは一定時間、操作がなかったとき、自動的にロックされ、スリープ状態に移行する「自動ロック」機能が用意されています。iPhoneを使い終わった後にサイドボタンを押し忘れても自動的にスリープ状態に移行して、消費電力を抑えます。

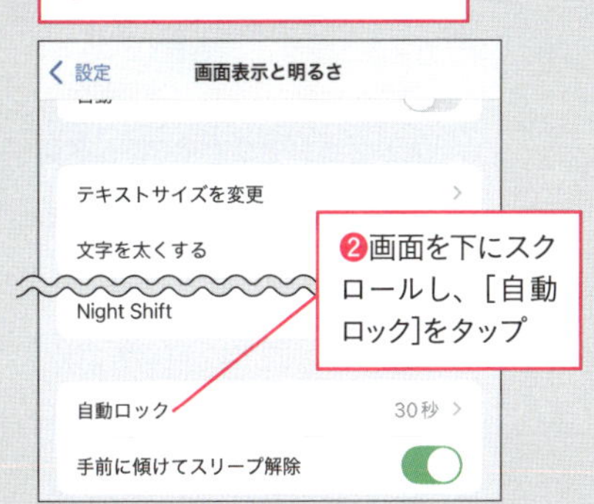


自動ロックまでの時間を設定できる

戻る
自動ロック
30秒
1分
2分
3分
4分
5分
なし

# 083 Face IDを設定するには

**Face ID**

iPhoneに搭載されている**顔認証機能(Face ID)**を設定しておくと、ロック解除や決済をするとき、iPhoneの前にいる人物の顔を読み取り、持ち主本人かどうかが認証されるため、パスコードの入力を省け、より安全にiPhoneを利用できます。

ワザ082を参考に、[Face IDとパスコード]の画面を表示しておく

❶[Face IDをセットアップ]をタップ

❷[開始]をタップ

カメラが起動した

❸画面上の枠内に入るように、自分の顔を映す

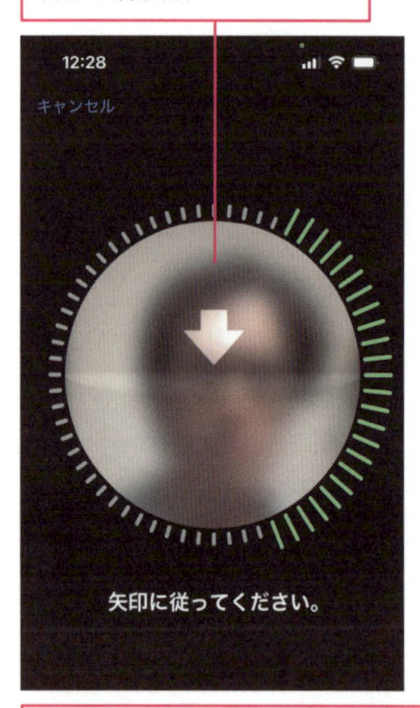


❹頭の角度を変えながら、顔全体をカメラに映す

円のまわりがすべて緑の線になるまで、頭を動かす

## 顔の形状を登録する

Face IDは一般的な顔認証と違い、鼻の高さや頬の形など、**顔の立体的な形状を捉えることで人物を識別**します。そのため、Face IDに顔を登録するときは、頭全体を動かし、いろいろな方向から見た顔の形状をiPhoneに記録します。

ここではマスク着用時でもFace IDが使用できるように設定する

❺［マスク着用時にFace IDを使用する］をタップ

前ページの手順3を参考に、2回目の顔スキャンを行なう

マスクを着用せずに顔スキャンを行なう

## パスコードよりも安全

パスコードは入力時、周囲の人に見られてしまう危険性がありますが、Face IDではそういった心配はありません。特に**外出先では可能な限りFace ID**を使い、どうしてもパスコードの入力が必要なときは、周囲の人に見られないように注意しましょう。

2回目のスキャンを開始する

❻頭の角度を変えながら、顔全体をカメラに映す

次のページに続く

顔のスキャンが完了した

❼［完了］をタップ

パスコードを設定していないときは、**ワザ082**を参考に、設定しておく

［Face IDとパスコード］画面が表示された

［Face IDをリセット］と表示され、顔が登録された

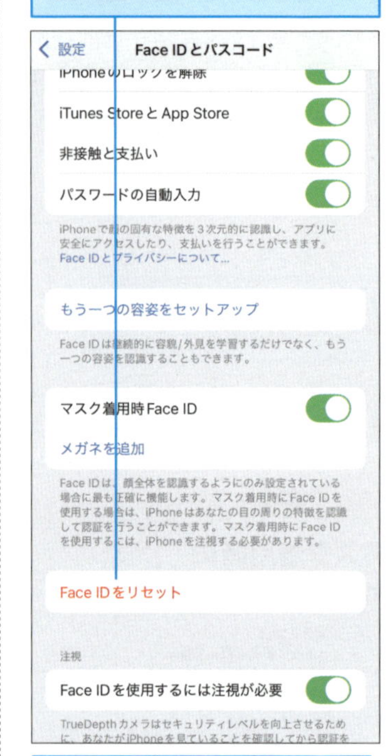


顔の登録をやり直すときは、［Face IDをリセット］をタップする

## アプリや曲の購入にもFace IDの顔認証が使える

上記の［Face IDとパスコード］画面で［iTunes StoreとApp Store］をオンにしておくと、iTunes StoreやApp Storeで音楽やアプリをダウンロードするとき、Apple Accountのパスワードを入力する代わりに、Face IDで認証ができます。

## 利用している眼鏡ごとに追加設定が必要

異なるデザインの眼鏡やサングラスを使い分けているときは、［Face IDとパスワード］の画面で［メガネを追加］をタップし、登録していない眼鏡を着用して、スキャンする必要があります。［マスク着用時のFace ID］をオフにしていれば、眼鏡の追加スキャンは不要です。

# 084 Apple Payの準備をするには

**Apple Pay**

[ウォレット] を使い、Apple Pay対応のクレジットカードや交通系ICカードを登録しておけば、コンビニエンスストアのレジや駅の改札にiPhoneをかざすことで、代金を支払ったり、電車やバスなどに乗ることができます。

## Apple Payに登録できる電子マネー

iPhoneには非接触ICカード「FeliCa」の機能が内蔵されていて、電子マネーなどに利用できます。日本の携帯電話やスマートフォンで一般的な「おサイフケータイ」と同じような機能です。国内で発行されている大半のクレジットカードは、このワザの手順でiPhoneに登録することで、電子マネーの「QUICPay」と「iD」のいずれかのサービスで利用できます。Suica/PASMO/ICOCAなどの交通系ICカードは新規登録だけでなく、利用中の定期券の取り込みも可能です。交通系ICカードはiPhoneのApple Payに登録後、クレジットカードなどで残高をチャージすると、利用できます。

### Apple Payの仕組み

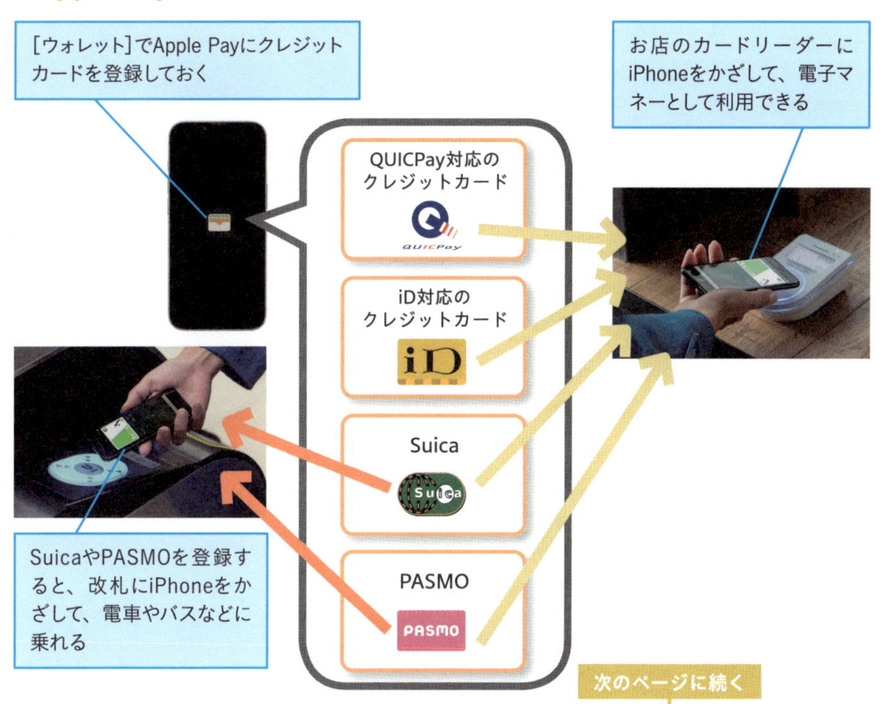


次のページに続く

## Apple Payで使用するクレジットカードの追加

**ワザ082**を参考にパスコードを、**ワザ083**を参考にFace IDを設定しておく

[ウォレット]を起動しておく

❶ここをタップ

[Apple Payの設定] の画面が表示されたときは、Face IDとパスコードを設定する

❷[クレジットカードなど]をタップ

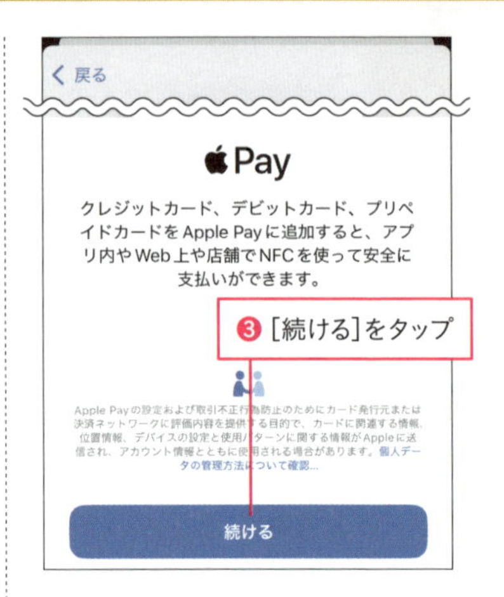


❸[続ける]をタップ

Apple Payに登録するクレジットカードを準備しておく

カメラが起動し、カードの読み取り画面が表示された

❹クレジットカードを枠内に映す

く 戻る

カードを追加

枠内にクレジットカードを入れてスキャンしてください。

カード情報を手動で入力

カード情報を手動で入力するには、ここをタップする

### パスコードとFace IDを登録しておこう

Apple Payを使えるようにするには、**ワザ082と083**で解説したパスコードとFace ID（顔認証）を設定しておく必要があります。エクスプレスカードに設定したカードは認証なしでも使えますが、それ以外のカードで支払うときは、使用時にカードの選択と認証が必要です。

自動で読み取られたカード情報が表示された

❺［名前］と［カード番号］の内容を確認

❻画面右上の［次へ］をタップ

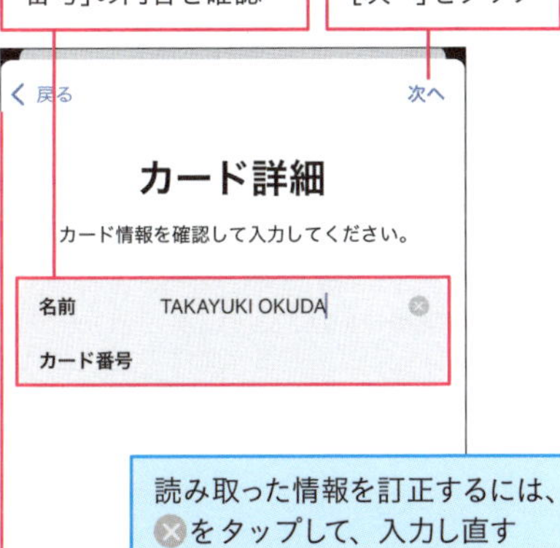


読み取った情報を訂正するには、⊗をタップして、入力し直す

カード裏面に記載されているセキュリティコードを入力する

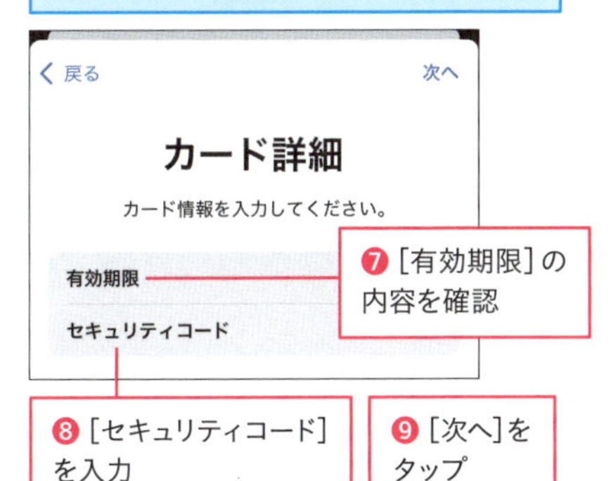


❼［有効期限］の内容を確認

❽［セキュリティコード］を入力

❾［次へ］をタップ

**Point** 手動などでも入力できる

クレジットカード**番号が刻印されていないクレジットカード**は、手動で入力するか、各社のクレジットカードアプリからApple Payに登録できます。

Apple Payの利用規約が表示された

利用規約

本規約は、株式会社イオン銀行（以下「当行」といいます。）が発行し、指定するクレジットカード（以下「イオンカード」といいます。）を、対象端末でApple Payに登録（追加）し、Apple Payで利用すること等に関して、イオンカードの会員（以下「会員」といいます。）と当行との間で締結される契約（以下「本契約」といいます。）の内容等を規定したものです。
Apple Payにおいて、イオンカードを登録（追加）・利用するためには、本規約に同意していただく必要があります。本規約に同意されない場合は、Apple Payにおいてイオンカードをご利用いただけません。 また、Apple Payへのイオンカードの登録（追加）には所定の審査がございます。審査の結果Apple Payへのイオンカードの登録（追加）をお見送りさせていただく場合がございますのであらかじめご了承ください。

第１条 用語の定義

本規約において、次の各号に掲げる用語の意味は、当該各号に定めるとおりとします。

- ①利用者：会員のうち、本規約に同意のうえ本契約を締結し、本規約等で定めるApple Payを利用したサービスの提供を受ける者をいいます。
- ②本人会員：イオンカード会員規約に定める本人会員をいいます。
- ③家族会員：イオンカード会員規約に定める家族会員をいいます。
- ④Apple：Apple Payを含む対象端末にかかるサービスを提供する法人をいいます。
- ⑤通信事業者：対象端末の利用に必要なモバイル

同意しない　同意する

❿利用規約を確認

⓫［同意する］をタップ

［ウォレット］への通知に関する画面が表示されたときは、［許可］をタップする

利用できる電子マネーの種類が表示された

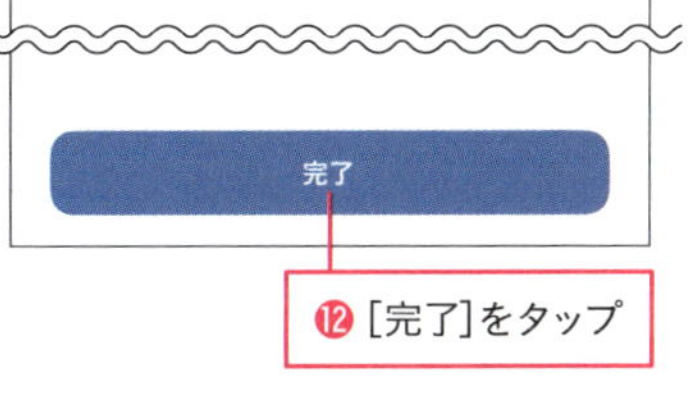


⓬［完了］をタップ

次のページに続く

[カード認証]の画面が表示された

電話でカードの認証を行なう

⓭[〜に発信]にチェックマークが付いていることを確認

⓮[次へ]をタップ

クレジットカードによっては、SMSやアプリなど、ほかの手段でカード認証を行なうこともある

⓯電話が発信されるので、オペレーターの指示に従って認証を進める

認証が完了すると「利用可能になりました」と表示される

カードを下にスワイプすると、手順1の画面に戻る

画面下端から上にスワイプして、[ウォレット]を終了しておく

第8章
快適に使えるようになる設定ワザ

**認証を完了しないと利用できない**

クレジットカードを登録するには、**正規の利用者であるかを確かめる認証が必要**です。認証方法はクレジットカードの提供会社や種類によって異なります。Apple Payに登録できる数が制限されていることもあるので、iPadやApple Watchも併用しているときは注意しましょう。

## クレジットカードの確認

ワザ023を参考に、[設定]の画面を表示しておく

❶画面を下にスクロール

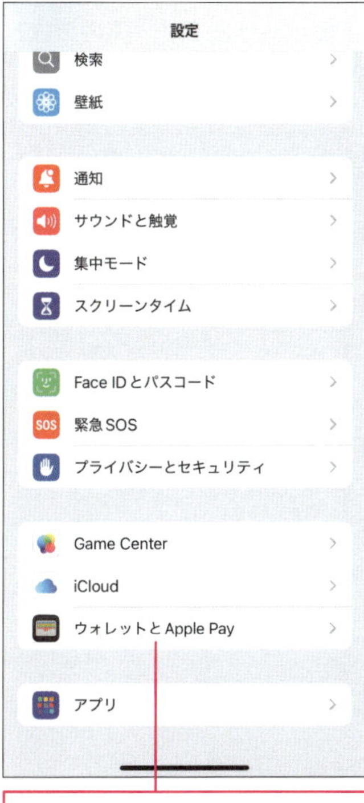


❷[ウォレットとApple Pay]をタップ

[ウォレットとApple Pay]の画面が表示された

[メインカード]に追加したクレジットカードが表示されていることを確認しておく

Point

**「エクスプレスカード」に設定すればロックを解除せずに使える**

交通系ICカードと一部のクレジットカードは、上の[ウォレットとApple Pay]画面にある[エクスプレスカード]に設定できます。[エクスプレスカード]に設定されたカードは、**Face IDなどで認証せず、スリープ状態のままでもiPhoneをリーダーにかざすだけで利用**できます。[エクスプレスカード]に設定できるカードは1枚だけですが、すぐに使えるので、移動中に使うことの多い交通系ICカードを設定しておくのがおすすめです。

# 085 交通系ICカードを追加するには

**ウォレットに追加**

交通系ICカードの「Suica」「PASMO」「ICOCA」は、iPhone上で新規発行して登録できます。使うときは事前に残高をチャージしておく必要がありますが、国内のほとんどの公共交通機関や、コンビニエンスストアなどで利用できます。



**ワザ084**を参考に、[ウォレット] を起動して [ウォレットに追加] の画面を表示しておく

**ワザ084**を参考に、クレジットカードを登録しておく

❶ [交通系ICカード]をタップ

[交通系ICカード]の画面が表示された

ここでは [PASMO]を追加する

❷ [PASMO]をタップ

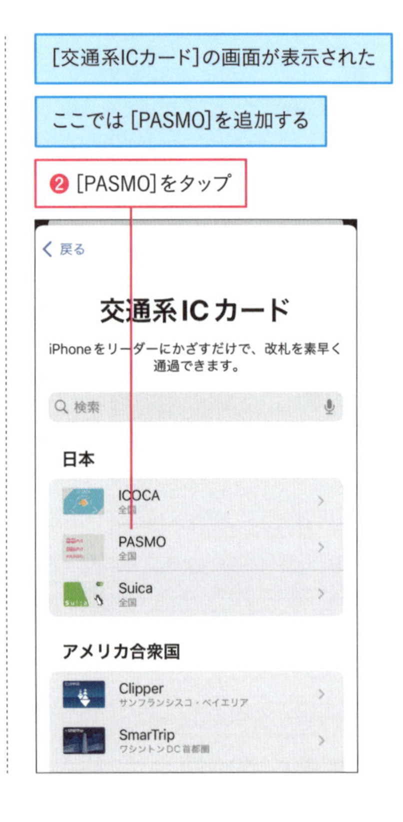

**SuicaやPASMO、ICOCAはチャージが必要**

「Suica」「PASMO」「ICOCA」は事前にチャージされた残高から支払いします。残高はApple Payに登録されたクレジットカードなどでチャージできます。機種変更をするときは、次のiPhoneにチャージした残高を持ち越すこともできます。

❸［続ける］をタップ

［お手持ちのカードを追加］をタップすると、実際の交通系ICカードを［ウォレット］に転送できる

チャージ金額の入力画面が表示された

❹金額をタップ

❺［追加］をタップ

以降は画面の指示に従って、金額をチャージする

**Suicaや手持ちのICカードも取り込める**

手順3の画面で［お手持ちのカードを追加］を選択すると、カード型のSuicaやPASMO、ICOCAから残高や定期券をApple Payに取り込めます。取り込まれたカードは利用できなくなり、デポジットは残高に追加されます。一部に取り込みに対応しないカードもあります。

# 086 Apple Payで支払いをするには

## ウォレットの支払い

Apple Payに登録されたクレジットカードや交通系ICカードは、このワザの手順で支払いに使えます。コンビニのレジなどでは「Suicaで支払います」などと伝えてから、支払い操作をします。



支払いに使う電子マネーの種類(iD、QUICPay、Suica、PASMOなど)を店員に伝えておく

❶サイドボタンをすばやく2回押す

[ウォレット]が起動し、使用するカードが表示された

複数のカードを登録しているときは、カードを選択できる

❷iPhoneの画面に顔を向ける

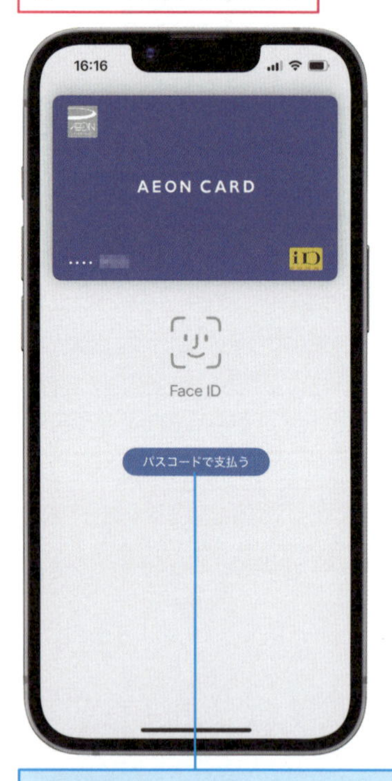


顔が認証されないときは、[パスコードで支払う]をタップしてパスコードを入力する

顔認証が完了し、［リーダーにかざしてください］と表示された

❸使用するカードを確認

❹iPhoneの上端側をカードリーダーにかざす

［完了］と表示された

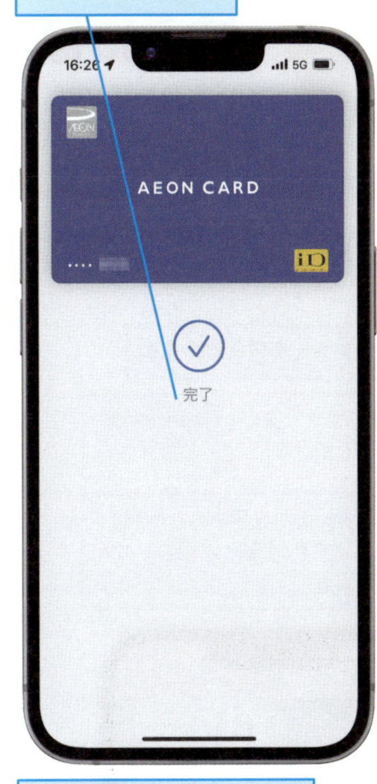


Apple Payで支払いができた

**Apple Payが設定してあるiPhoneを紛失したときは**

Apple Payを登録しているiPhoneを紛失したときは、**ワザ101**の遠隔操作の手順でiPhoneを［紛失モード］にすることで、Apple Payを無効化できます。iPhoneが見つからなかったときは、［このデバイスを消去］でApple Payごと、iPhoneを初期化しましょう。Apple Payの電子マネーは消去しても別のiPhoneに同じApple Accountでサインインすれば、再登録できます。Suicaの場合、元のiPhoneで消去されていれば、残高も引き継げます。遠隔操作でSuicaを消去できなかったときは、モバイルSuicaのWebサイトで再発行手続きをすることで、翌日以降にSuicaを引き継ぐことができます。故障や機種変更時も同様にSuicaを消去するか、再発行することで、引き継ぐことができます。

▼モバイルSuicaのログインページ
https://www.mobilesuica.com/

# 087 声で操作する「Siri」を使うには

Siri

Siriは音声でiPhoneを操作できる機能です。iPhoneに向かって話すだけで、天気を調べたり、メールを送ったりできます。サイドボタンを2～3秒押すだけですぐに起動できるうえ、人と話すような自然な会話で使えるのが特徴です。



ここでは東京の天気を確認する

❶サイドボタンを2～3秒押し続ける

Siriが起動した

Siriの説明画面が表示されたときは、[Siriをオンにする]をタップして、Siriをオンにする

Siriが起動している間は画面の端に虹色の枠が表示される

❷「東京の天気は?」と話しかける

Siriが応答し、東京の天気が表示された

位置情報サービスについての画面が表示されたときは、[プライバシーとセキュリティ]-[位置情報サービス]-[Siri]-[このアプリの使用中]の順にタップする

このアイコンをタップすると、続けて音声を入力できる

画面下端から上にスワイプすると、Siriを終了できる

## 音声入力とSiriの応答例

| 音声入力（日本語） | 応答例 |
|---|---|
| おやすみモードをオンにして | おやすみモード（ワザ088）がオンになる |
| 近くに郵便局はある？ | 近隣の郵便局を検索する |
| 田中さんに「今向かっています」と伝えて | 連絡先に登録してある田中さんに「今向かっています」とメッセージを送信する |
| 3時に会議を設定 | 「午後3時の会議」をカレンダーに追加する |
| 78ドルは何円？ | 現在のレートで外貨を調べる |
| 明日6時に起こして | 午前6時にアラームをセットする |
| 30分たったら教えて | 30分のタイマーをセットする |

### ロック画面でSiriを使いたくないときは

SiriはiPhoneの画面がロックされている状態でもサイドボタンを長押しすることで、起動できます。パスコードや指紋認証を設定していてもSiriを起動すれば、電話をかけたり、カレンダーの予定を表示したりするなど、一部の機能を使って、個人情報を表示できてしまいます。そのため、ロックをかけていてもiPhoneを紛失したとき、第三者に悪用されてしまうリスクがあります。このリスクを避けたいときは、［設定］アプリの［Siri］の画面で、［ロック中にSiriを許可］をオフにしておきましょう。

ワザ023を参考に、［設定］の画面を表示しておく

❶［Apple IntelligenceとSiri］をタップ

❷［ロック中にSiriを許可］のここをタップしてオフに設定

ロック中にSiriが起動できなくなる

# 088 就寝中の通知をオフにするには

集中モード

「**集中モード**」を使うと、メッセージ着信や各アプリからの通知を一時的に停止できます。就寝中や会議中など、一時的に通知を受けたくないときに便利な機能です。集中モードをオンにしている間もアラームやタイマーは鳴ります。



**ワザ009**を参考に、コントロールセンターを表示しておく

ここでは集中モードの「おやすみモード」を利用する

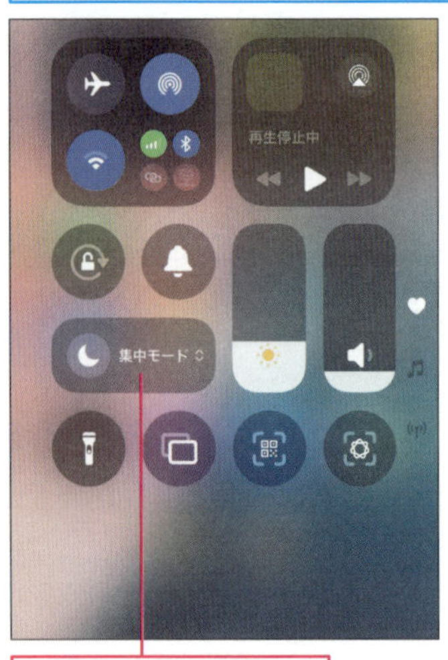


❶ [集中モード]をタップ

集中モードの画面が表示された

❷ [おやすみモード]をタップ

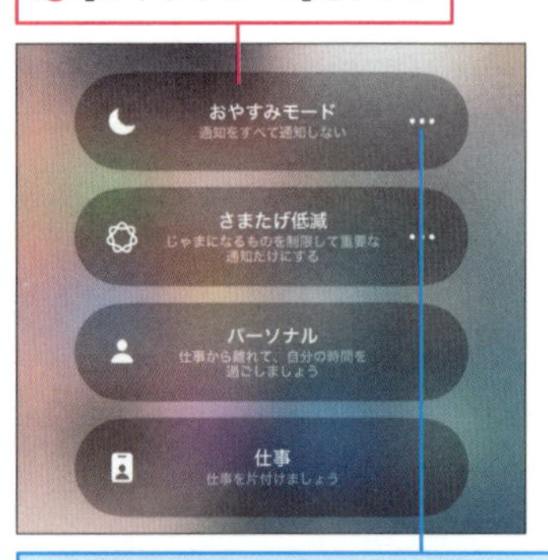


ここをタップすると、おやすみモードの詳細設定ができる

[おやすみモード]がオンに設定された

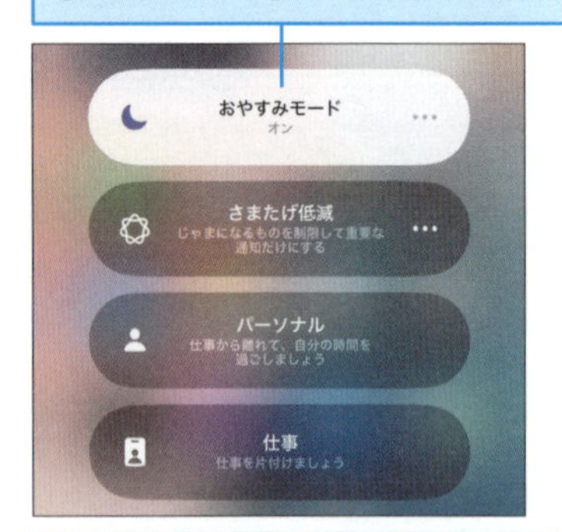


iPhoneの画面ロック中に着信などが通知されなくなった

**集中モードの切り忘れに注意しよう**

集中モードをオンに切り替えたまま、オフに戻すことを忘れてしまうと、必要な通知を受け取れなくなります。次ページのPointを参考に、**オフにする時間などの設定**を活用しましょう。

## 集中モードのタイミングを細かく設定できる

前ページの手順2の画面で集中モードを選択するとき、それぞれのモードの右のアイコンをタップすると、時間経過や移動によって、自動でオフ状態に戻すように設定できます。また、モード一覧の下にある［設定］をタップすると、各モードを自動でオン／オフする曜日や時刻、場所などを細かく設定することも可能です。

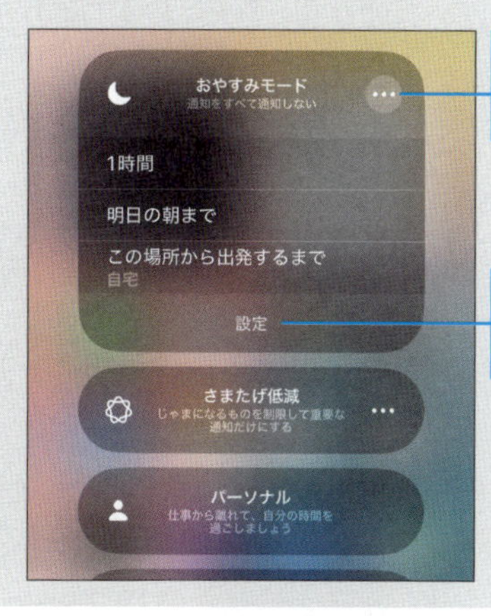


ここをタップすると、詳細設定のメニューが開閉できる

［設定］をタップすると、タイミングや通知の内容なども設定できる

## さまざまな用途で集中モードを設定できる

集中モードは「おやすみモード」など、複数のモードを使い分けることができ、それぞれのモードごとに通知するアプリや連絡先、利用する時間帯などを細かく設定できます。たとえば、平日昼間は仕事に使うアプリの通知のみを受け、会議中はすべてのアプリの通知を停止するといった細かい使い分けもできます。［さまたげ低減］はiPhoneが優先度の高い通知だけを自動判別してくれるので、自分で設定するのが難しい場合に試してみましょう。

**ワザ023**を参考に、［設定］の画面を表示した後、［集中モード］をタップする

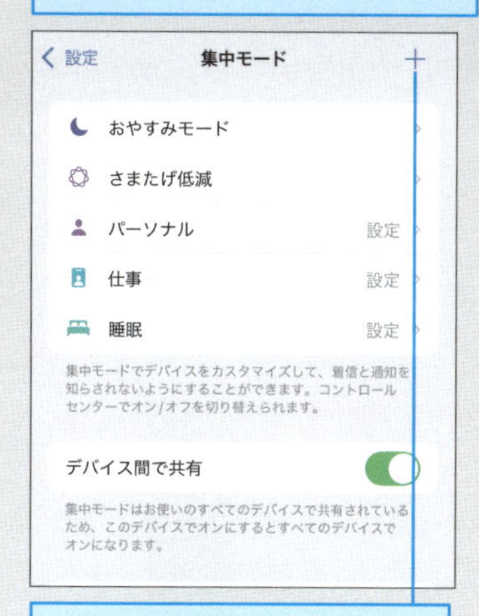


ここをタップすると、集中モードを追加できる

# 089 アプリの通知を一時的に停止するには

## 通知の一時停止

このワザの手順で、特定のアプリからの通知を一定時間だけ停止できます。たとえば、グループチャットで自分が参加できない会話の通知が続くときなどは、この方法で**1時間だけ通知を止め、後でまとめて確認**するといった使い方が便利です。



ワザ008を参考に、通知センターで通知を表示しておく

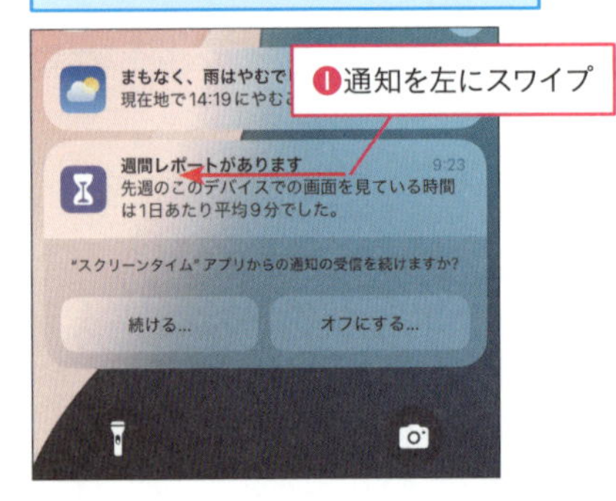


2つのボタンが表示された

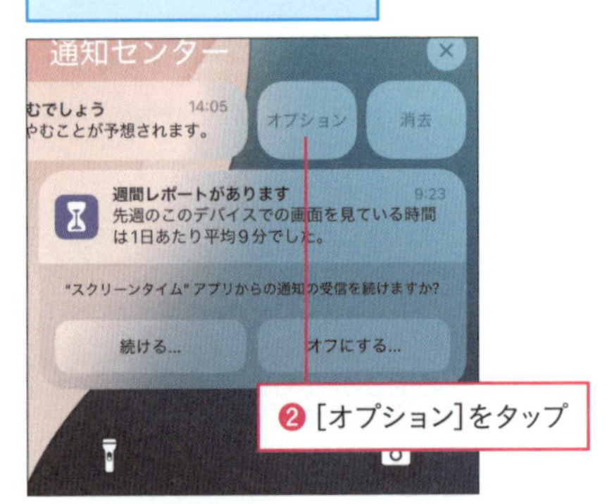


パスコードを設定しているときはパスコードを入力してロックを解除する

表示されたメニューで通知を停止する期間を設定できる

### Point 即時通知って何？

アプリの**通知方式**には、通常の「即時通知」と指定した時刻にまとめて通知する「時刻指定要約」の2種類があります。「時間指定要約」は**ワザ088**で解説します。

アプリによっては即時通知を設定できる

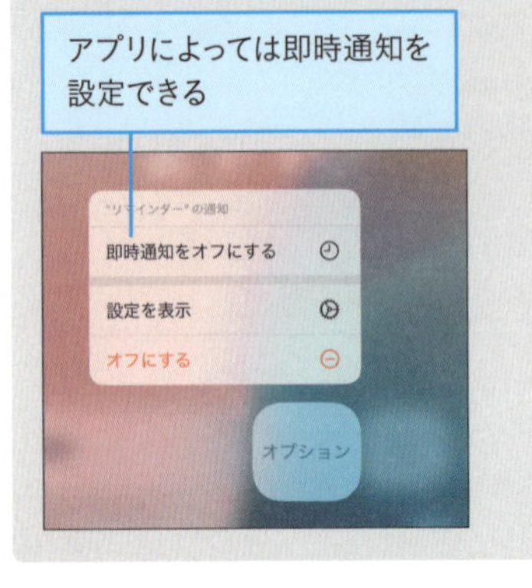

# 090 アプリの通知を設定するには

## 通知の設定

iPhoneにインストールされているアプリの新着通知は、アプリごとに通知方法や通知のオン/オフを選ぶことができます。重要なアプリからの通知を目立つよう設定しておけば、必要な通知に気が付きやすくなります。

### 通知の設定画面の表示

ワザ023を参考に、[設定] の画面を表示しておく

❶画面を下にスクロール

❷ [通知] をタップ

[通知] の画面が表示された

すべてのアプリの通知に共通の設定が行なえる

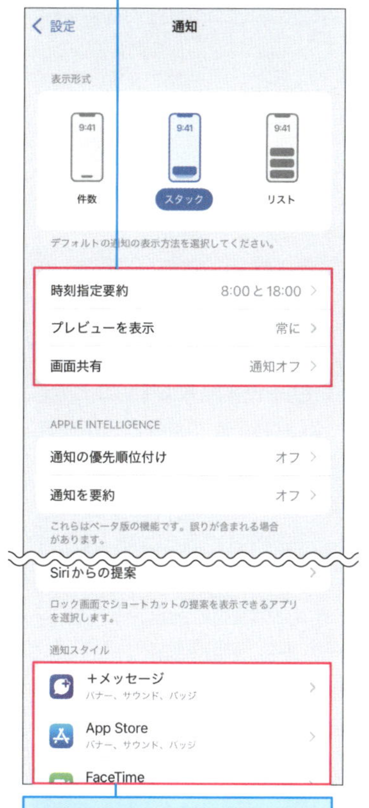


通知センターに表示するアプリと内容を設定する

**Point ロック画面での通知の表示形式を変更できる**

[通知] の画面にある [表示形式] でロック画面での通知の表示形式を選択できます。[件数] や [スタック] にすると少ない表示スペースで済むので、壁紙が見やすくなります。

1 基本 2 設定 3 最新 4 電話・メール 5 ネット 6 アプリ 7 写真 8 便利 9 疑問

## アプリごとの通知の設定

ここでは［メッセージ］の通知の設定を変更する

❶画面を下にスクロール

❷［メッセージ］をタップ

［バナースタイル］をタップすると、表示のタイミングを選択できる

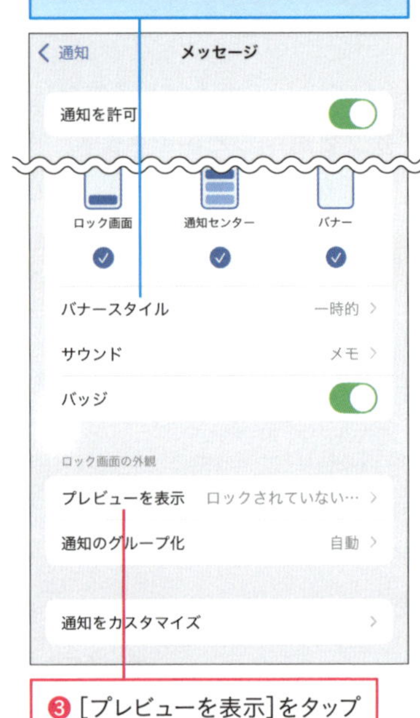


❸［プレビューを表示］をタップ

### 通知のスタイルは好みに合わせて選べる

iPhoneを起動しているときに表示される［バナー］による通知方法は、手順3の画面で選ぶことができます。［一時的］は一定時間でバナーが消えますが、［持続的］はタップして、通知を確認するか、上にスワイプするまで、バナーが消えません。スケジュールの通知など、見落としたくないものは、［持続的］で表示するなど、自分に合った設定にしましょう。

◆バナー
画面上部に「一時的」に表示するか、確認の操作をするまで「持続的」に表示するかを選べる

[メッセージ] のプレビューを表示しないように設定する

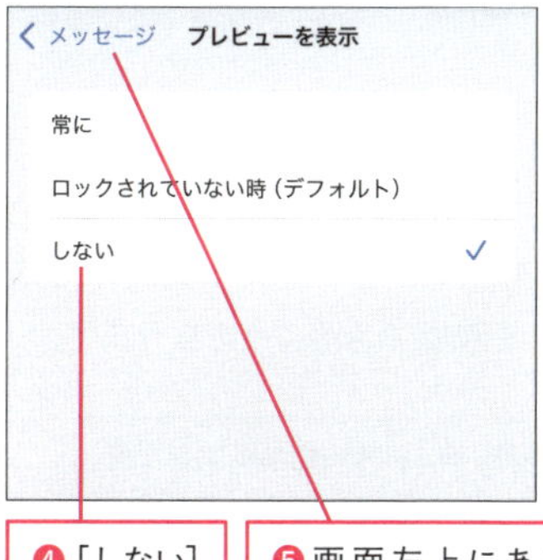


❹ [しない] をタップ

❺ 画面左上にある [メッセージ] をタップ

## 通知の「プレビュー」に注意しよう

一部のアプリの通知は、メッセージの一部が「プレビュー」として、ロック画面に表示されます。この「プレビュー」の表示形式は、手順3の [プレビューを表示] ですべてのアプリの設定を、手順4の [プレビューを表示] 画面ではそのアプリの設定を変更できます。他人に見られたくないメッセージなどの通知は、「しない」に設定しておくといいでしょう。

[プレビューを表示] が [常に] に設定されていると、メッセージなどの内容が表示されてしまう

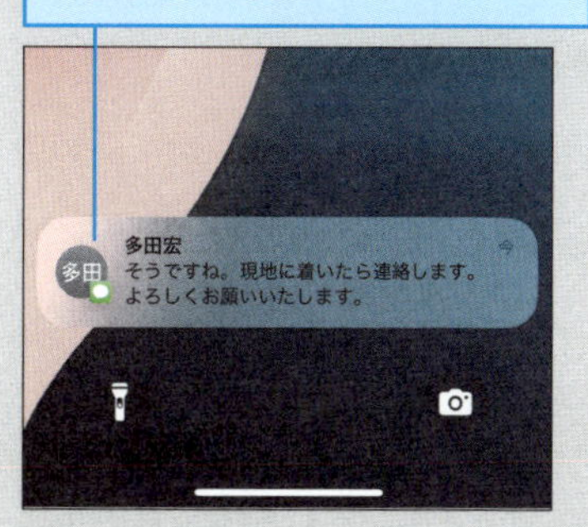


[メッセージ] のプレビューの表示方法が変更された

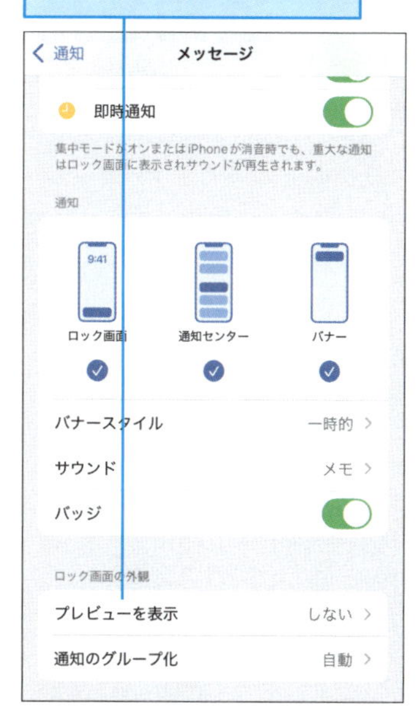

## アプリのアイコンに新着件数を表示できる

アプリによっては、新着通知の件数をホーム画面のアプリアイコンに「バッジ」として表示できるものがあります。バッジの表示に対応するアプリは、手順3の画面の [バッジ] でバッジ表示のオン／オフを切り替えることができます。

◆バッジ
未読のメールの件数などがアイコンの右上に表示される

# 091 決まった時間に通知を受けるには

## 時刻指定要約

重要性の低い通知が多く、メッセージや気象警報など、重要な通知を見逃してしまいそうなときは、「時刻指定要約」を設定しましょう。ショッピングアプリなど、即時性の不要なアプリからの通知は、指定した時刻にまとめて確認できるようになります。



ワザ090を参考に、[通知] の画面を表示しておく

❶[時刻指定要約]をタップ

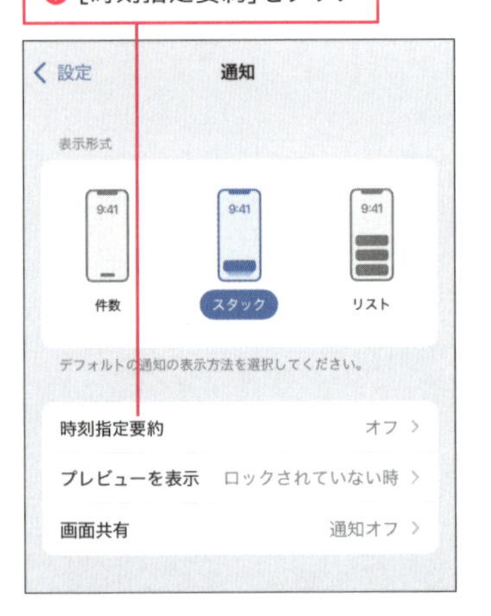


[時刻指定要約]の画面が表示された

❷[時刻指定要約] のここをタップしてオンに設定

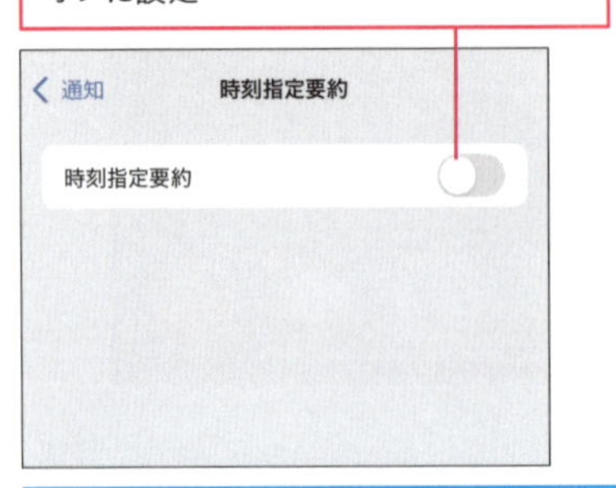


[通知の要約] の説明画面が表示されたときは、[続ける]をタップする

初回起動時は[要約に含めるアプリを選択]の画面が表示される

[さらに表示] をクリックすると、アプリがさらに表示される

❸要約に含めるアプリを選択

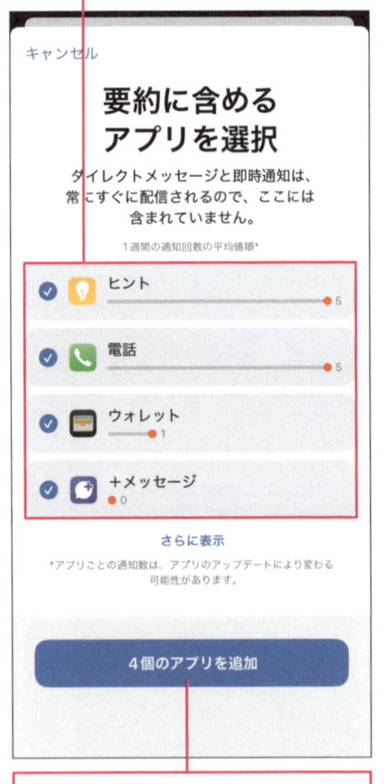


❹[〜個のアプリを追加]をタップ

ここでは変更せずに操作を進める

スケジュールを変更するときは、時刻をタップして設定する

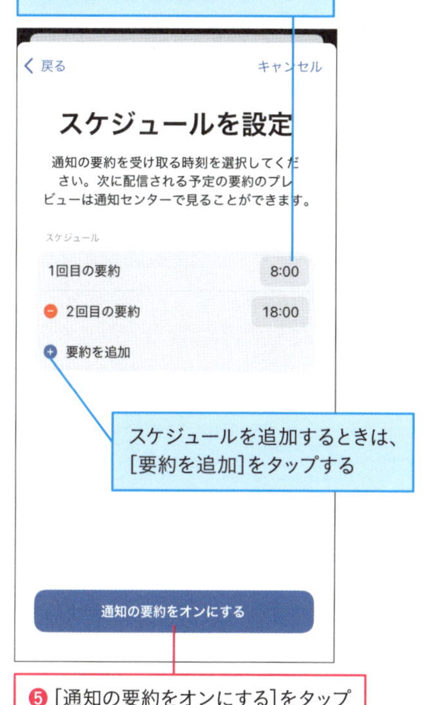


スケジュールを追加するときは、[要約を追加]をタップする

❺ [通知の要約をオンにする]をタップ

[時刻指定要約] がオンになり、スケジュールと設定したアプリ一覧が表示された

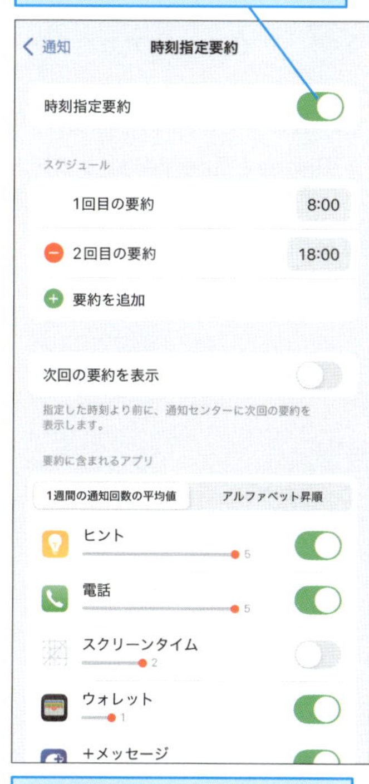


以降は前ページの手順2の後、この画面から設定する

Point

## 時刻指定要約で通知をまとめて読みやすくできる

時間指定要約を設定すると、その間に指定したアプリの通知は、**指定した時刻にまとめて表示**されます。すぐに読む必要のない通知を発するアプリは、通知を要約するように設定しておいて、昼休みや仕事終わり、通勤中などにまとめて読むようにすると、余計な通知の確認に時間を取られず、必要な通知をチェックしやすくなります。

指定した時刻に通知がまとめて表示される

# 092 GoogleカレンダーをiPhoneで利用するには

## Googleアカウントの追加

スケジュール管理にGoogleカレンダーを使っているときは、このワザの手順で設定しておくと、iPhoneとGoogleカレンダーの予定データが同期するようになります。

### Point GmailもiPhoneで利用できるようになる

このワザの手順を設定すると、GmailやGoogleの連絡先もiPhone標準アプリから使えるようになります。Google以外にもマイクロソフトやYahoo!などのメールやカレンダーも設定できます。

## iPhoneで利用するGoogleアカウントを入力する

❻Googleアカウントを入力する

❼［次へ］をタップ

## 入力したGoogleアカウントのパスワードを入力する

❽Google アカウントのパスワードを入力する

❾［次へ］をタップ

❿［次へ］をタップ

## iPhoneで利用するGoogleアカウントの情報を設定する

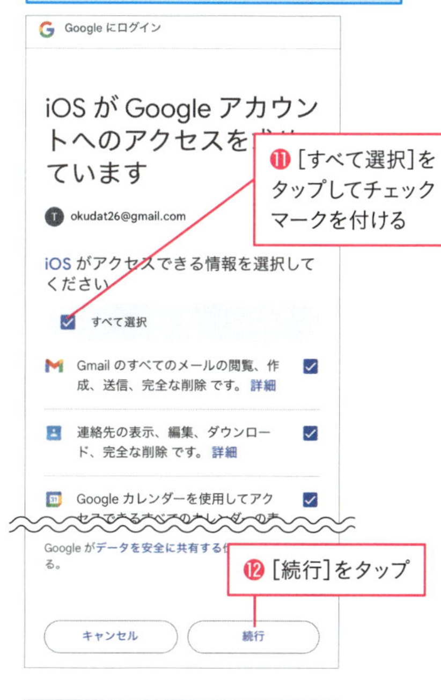


⓫［すべて選択］をタップしてチェックマークを付ける

⓬［続行］をタップ

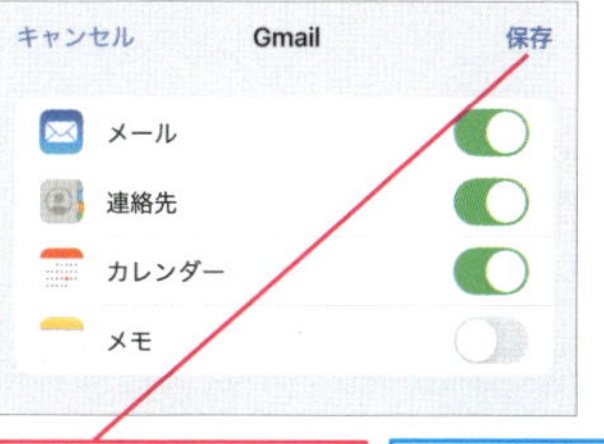


⓭［保存］をタップ

手順4の画面に戻る

### 利用するGoogleのサービスを選択できる

手順13の画面で、GmailやGoogleの連絡先も**標準アプリで使うかどうかを選択**できます。Gmailについては、App Storeでダウンロードできる「Gmail」アプリもあり、そちらは検索やラベルなどが使いやすくなっています。

# 093 周辺機器と接続するには

## Bluetooth

iPhoneにはイヤホンやスピーカー、キーボードなど、さまざまなBluetooth機器を接続できます。これらの機器をiPhoneと接続するには、ここで説明する「ペアリング」と呼ばれる操作が必要になります。



ワザ023を参考に、[設定]の画面を表示しておく

❶[Bluetooth]をタップ

❷[Bluetooth]がオンになっていることを確認

❸接続するBluetooth対応の機器をタップ

機器によっては、iPhoneと接続するためのパスワード(パスキー)の入力が必要になる

Bluetooth対応の機器が使えるようになる

### Apple Watchは専用アプリからペアリングする

Apple Watchをペアリングするには、iPhone上の[Watch]アプリを利用します。他社製のウェアラブル機器もApp Storeから専用アプリをダウンロードして、ペアリングすることがあります。

[ペアリングを開始]をタップして、ペアリングを行なう

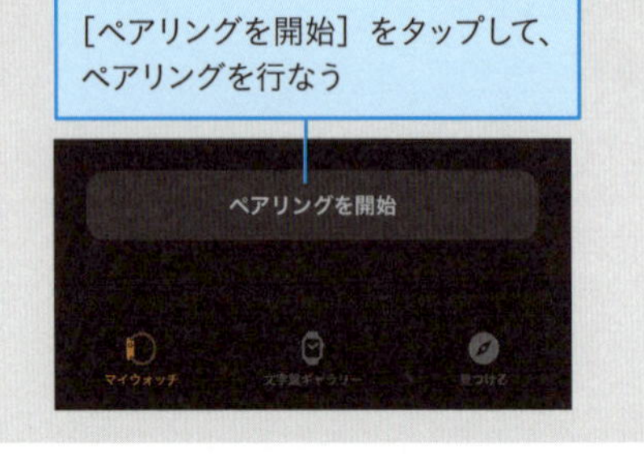

# 第 9 章

# 疑問やトラブルに効く解決ワザ

# 094 以前のスマートフォンで移行の準備をするには

初期設定と移行

これまで使ってきたスマートフォンから新しいiPhoneに移行するときは、作業をはじめる前に、いくつか準備や確認しておきたいことがあります。ここで挙げた項目以外にも電子マネーなどを利用しているときは、各サービスの移行方法を確認しておきましょう。



## 連絡先や写真をバックアップしておく

### iPhoneから移行する場合

iPhone同士の移行はiPhoneの「クイックスタート」が利用できるため、簡単にデータを引き継げますが、移行作業の前に、パソコンのiTunesやiCloudを使い、連絡先などをバックアップしておきます。写真もパソコンやiCloudでバックアップできますが、iCloudの残り容量が少ないときは、Googleフォトや OneDriveなどにバックアップすることもできます。また、Apple Watchを利用しているときやApple Payを設定しているときは、次ページを参考に、これまで使ってきたiPhoneで、それぞれの登録を削除します。

### Androidから移行する場合

AndroidスマートフォンからはAppleが提供する［iOSに移行］をインストールして、移行できます。メールはGmailのアプリをインストールすれば、新しいiPhoneでも利用できます。写真はGoogleフォトやOneDriveにバックアップしておけば、iPhoneでも閲覧できます。連絡先はGmailの連絡先と同期し、カレンダーは新しいiPhoneでGoogleカレンダーと同期する設定をします。おサイフケータイはサービスごとに方法が違い、各サービスのアプリ内で機種変更の手続きをしたり、iPhoneで再設定する必要があります。

**各携帯電話会社が提供するバックアップ用アプリやサービス**

一部の携帯電話会社では、iPhoneに機種変更するユーザーのために、バックアップ用アプリやサービスを提供しています。契約する携帯電話会社を問わずに利用できるアプリもあります。以下のQRコードを読み取って、確認してみましょう。また、NTTドコモはドコモショップに設置されている「DOCOPY」を使って、連絡先などをバックアップできます。

au「データお引っ越し」

ソフトバンク「Yahoo!かんたんバックアップ」

## iPhoneから移行するときの流れ

### STEP 1 Apple Watch のペアリングを解除

Apple Watchを利用しているときは、iPhoneとのペアリングを解除する。Apple Watchの内容はペアリングを解除時に、iPhoneにバックアップされる。

### STEP 2 Apple Pay のクレジットカードを削除

[ウォレット]に登録してあるSuicaやクレジットカードを削除する。削除してもSuicaの情報はクラウドサービスに保存されるため、次のiPhoneで残高を引き継いで利用できる。クレジットカードは再登録で利用できる。

### STEP 3 LINE の引き継ぎを設定

次ページを参考に、LINEのトーク内容などをiCloudにバックアップしておき、次のiPhoneで利用できるように、引き継ぎ設定をする。

### STEP 4 +メッセージの引き継ぎを設定

253ページを参考に、+メッセージのメッセージなどをiCloudやGoogleドライブにバックアップする。次のiPhoneで復元すれば、引き継ぎができる。

### STEP 5 連絡先やカレンダーをバックアップ

**ワザ025**を参考に、iCloudでバックアップする。もしくは**ワザ097**を参考に、iTunesで同期して、iPhoneに保存された内容をバックアップする。

### STEP 6 写真や動画をバックアップ

**ワザ079**を参考に、iCloudでバックアップする。**ワザ097**を参考に、iTunesと同期して、iPhoneに保存された内容をバックアップすることも可能。

### STEP 7 データの復元

**ワザ097**を参考に、iCloudやiTunesに保存されたバックアップを復元する。

次のページに続く

## LINEの引き継ぎ

### STEP 1 トークの履歴をバックアップ

iPhoneでiCloud Driveをオンに切り替え、利用できるようにする。［トークのバックアップ］から［今すぐバックアップ］を選んでバックアップする。

### STEP 2 新しいiPhoneでLINEを起動

新しいiPhoneでApp Storeを表示して、［LINE］アプリをインストールして、起動する。

### STEP 3 ［LINE］の［QRコードでログイン］画面を表示

新しいiPhoneの［LINE］を起動した画面で［ログイン］をタップし、［LINEにログイン］の画面で［QRコードでログイン］をタップする。

### STEP 4 以前のiPhoneの［LINE］でQRコードを表示

以前のiPhoneで［LINE］を起動し、［設定］画面で［かんたん引き継ぎQRコード］をタップして、かんたん引き継ぎQRコードを表示する。

### STEP 5 新しいiPhoneでQRコードを読み取る

新しいiPhoneの［以前の端末のQRコードをスキャン］の画面で［QRコードをスキャン］をタップして、STEP 4で表示したQRコードを読み取ると、アカウントが引き継がれる。

### STEP 6 トーク履歴の復元

［かんたん引き継ぎQRコード］では直近14日間のトークが自動的に引き継がれるが、STEP 1で保存したバックアップから復元することもできる。

**注意**「かんたん引き継ぎQRコード」で移行すると、Androidスマートフォンからも直近14日間のトークの履歴が自動的に移行されます

以前のスマートフォンのLINEの［設定］の画面で設定を行なう

［トークのバックアップ］からトークのバックアップ操作を行なう

［かんたん引き継ぎQRコード］から引き継ぎ操作を行なう

## +メッセージの引き継ぎ

iPhoneの［+メッセージ］のデータは、アプリのバックアップ／復元機能を使って、引き継ぎます。Androidスマートフォンから移行するときは、各携帯電話会社が提供する移行ツールを使うか、GoogleドライブやiCloud Driveにバックアップして、移行します。

### STEP 1 iCloud Drive をオンにする

［+メッセージ］のバックアップは、iCloud Driveを利用するので、**ワザ025**を参考に、［iCloud］の画面を開き、［iCloudバックアップ］をオンにしておく。

### STEP 2 iCloud Drive で+メッセージをオンにする

STEP 1の画面で［iCloudバックアップ］をオンにしたとき、下の欄に［+メッセージ］が表示されるので、オフになっているときはオンにしておく。

### STEP 3 メッセージをバックアップ

［+メッセージ］を起動し、右下の［マイページ］-［設定］-［メッセージ］-［バックアップ・復元］を表示する。右の手順のようにして、バックアップを開始する。

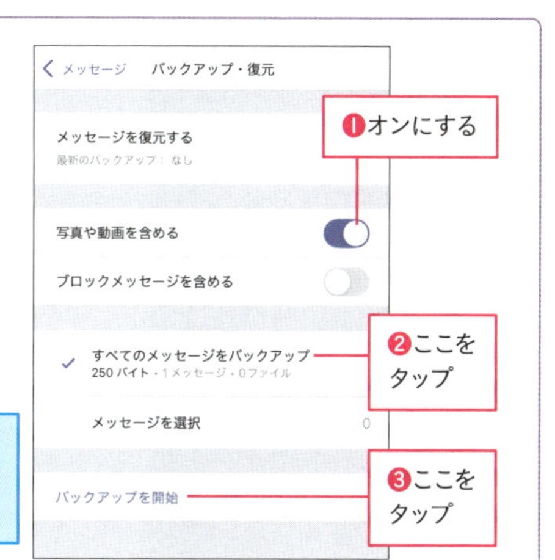


バックアップ先の選択画面が表示されたら、［iCloud Drive］をタップする

### STEP 4 新しい iPhone で iCloud Drive をオンにする

新しいiPhoneが利用できるようになったら、STEP 1と同様、新しいiPhoneでもiCloud Driveをオンにしておく。

### STEP 5 新しい iPhone に［+メッセージ］をインストールする

［+メッセージ］アプリをインストールし、**ワザ048**を参考に初期設定を進める。

### STEP 6 新しい iPhone にメッセージを復元する

初期設定を終えると、［バックアップデータの復元］の画面が表示されるので、［復元］をタップ。復元したいiCloud Driveのデータを選択し、［復元を開始］をタップする。

# 095 iPhoneの初期設定をするには

## 初期設定

iPhoneをはじめて起動したときや初期状態に戻した後は、初期設定が必要です。初期設定にはWi-Fi（無線LAN）によるインターネット接続か、iTunesがインストールされたWindowsパソコン、あるいはMacが必要です。



iPhoneにSIMカードを装着しておく

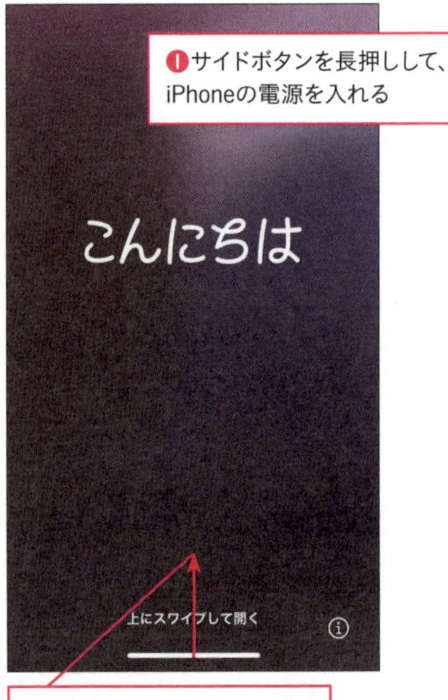


初期設定時、iOSが自動的にアップデートされることがある

［日本語］が表示されていないときは、上下にスワイプして、［日本語］を選択する

### どんなときに初期設定をするの？

iPhoneの初期設定の画面は、iPhoneの電源をはじめて入れたときに表示されるもので、iPhoneを使うための基本的な設定をします。電源を入れ直したときなどには表示されません。また、iPhoneを初期状態に戻した後は購入直後と同じ状態になるので、初期設定の画面が表示されます。

### Wi-Fi（無線LAN）やパソコンに接続できないときは

iPhoneの初期設定をするとき、周囲にWi-Fiネットワークがなかったり、パソコンと接続できないときは、次ページの手順8の画面で［Wi-Fiなしで続ける］をタップすれば、初期設定の手順を進められます。契約する携帯電話会社の電波の届くエリアでしか利用できないので、ステータスアイコンで電波状態を確認し、電波の届く場所で手順を進めましょう。また、iCloudにバックアップした内容を復元するとき、モバイルデータ通信回線を利用すると、データ通信量が増え、選んだ料金プランによっては、月々のデータ通信量の上限に達することがあるので、注意しましょう。

❹［日本］をタップ

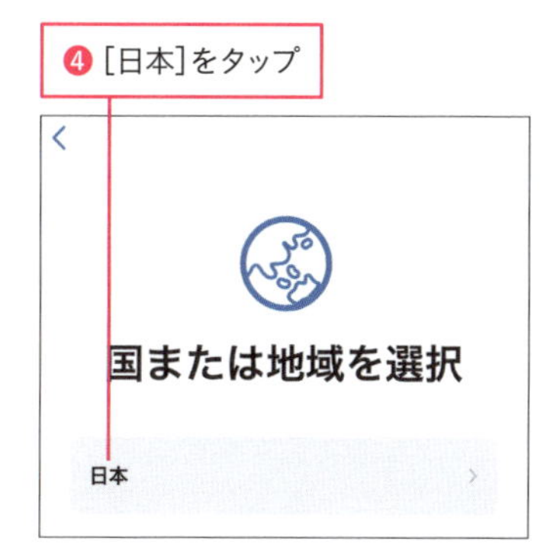


［外観］の画面が表示された

❺［続ける］をタップ

以前のiPhoneから移行するときは、**ワザ096**を参考に、クイックスタートを利用して、初期設定ができる

ここではクイックスタートを利用しない

❻［もう一方のデバイスなしで設定］をタップ

次のページに続く

❼［あとで"設定"でセットアップ］をタップ

❽利用するアクセスポイントをタップ

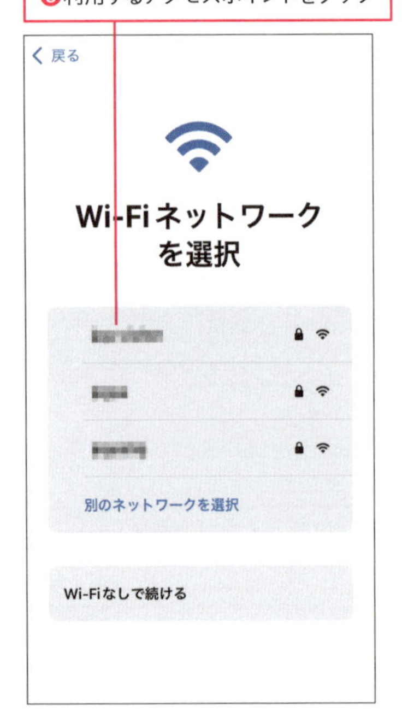


❾パスワード（暗号化キー）を入力

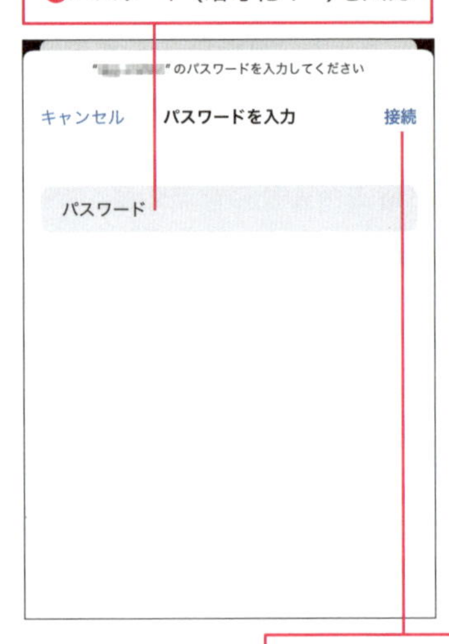


❿［接続］をタップ

再び［Wi-Fiネットワークを選択］画面が表示されたときは、［次へ］をタップする

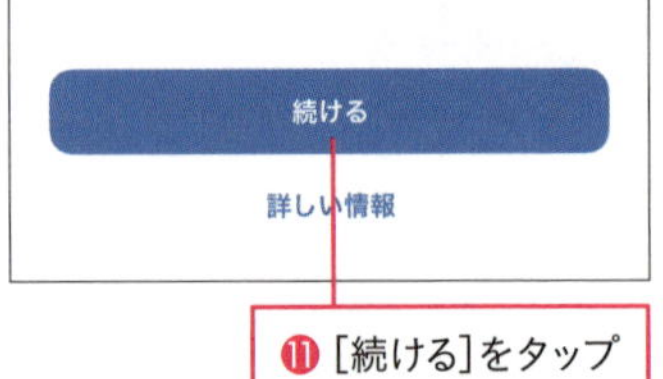


⓫［続ける］をタップ

自分用に設定

ファミリーのお子様用に設定

⓬［自分用に設定］をタップ

ここでは設定せずに操作を進める

戻る

Face ID

iPhoneで顔の固有な特徴を3次元的に認識し、自動でロックを解除したり、Apple Payを利用したり、買い物をしたり、Appleのサービスにサブスクリプションの登録をしたりすることができます。

Face IDとプライバシーについて...

続ける

あとでセットアップ

⓭［あとでセットアップ］をタップ

ここでは設定せずに操作を進める

⓮［パスコードオプション］をタップ

⓯［パスコードを使用しない］をタップ

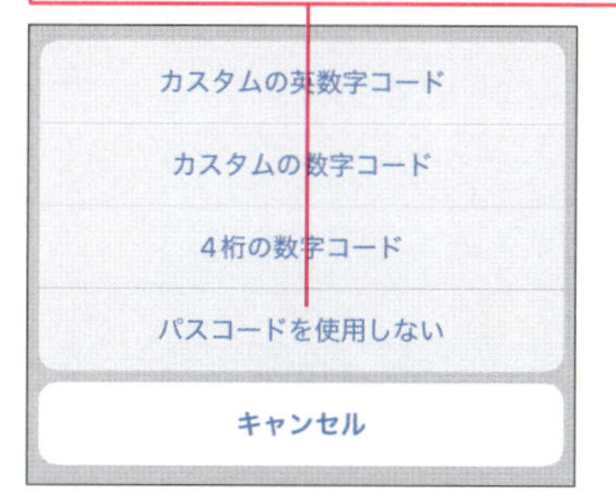


パスコードの設定は**ワザ082**、Face IDの設定は**ワザ083**を参照する

⓰［パスコードを使用しない］をタップ

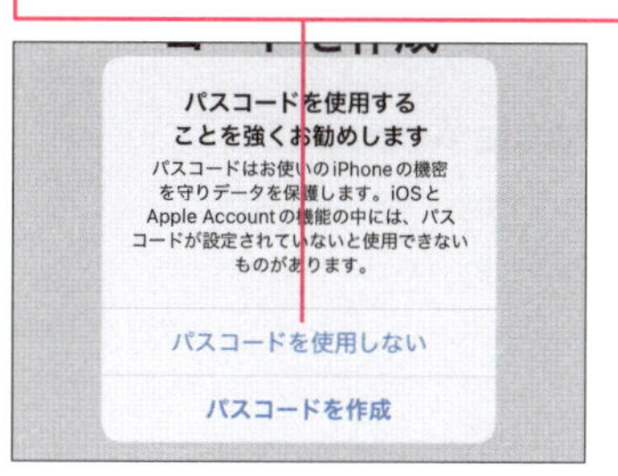


次のページに続く

ここでは新しいiPhoneとして設定する

⑰[何も転送しない]をタップ

バックアップから復元するときは**ワザ097**を参考に、操作を続ける

ここでは設定せずに操作を進める

⑱[パスワードをお忘れかアカウントをお持ちでない場合]をタップ

⑲[あとで"設定"でセットアップ]をタップ

Apple Accountの設定は**ワザ024**を参照する

⑳[使用しない]をタップ

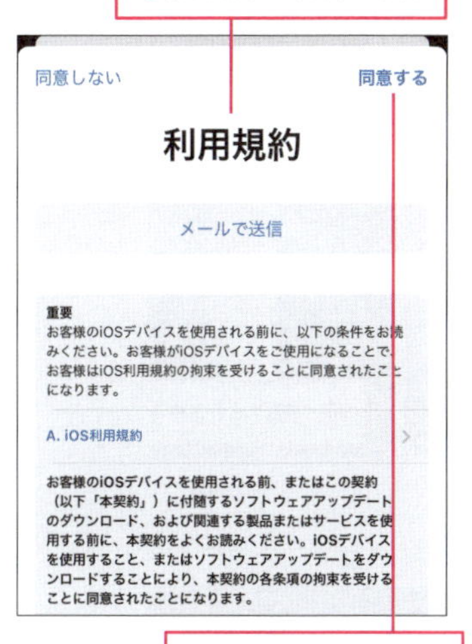


㉒［同意する］をタップ

［自動的にiPhoneをアップデート］の画面が表示された

ここでは自動でアップデートされるように設定する

㉓［続ける］をタップ

［iMessageとFaceTime］の画面が表示された

ここではiMessageとFaceTimeで、電話番号とメールアドレスを使用できるようにする

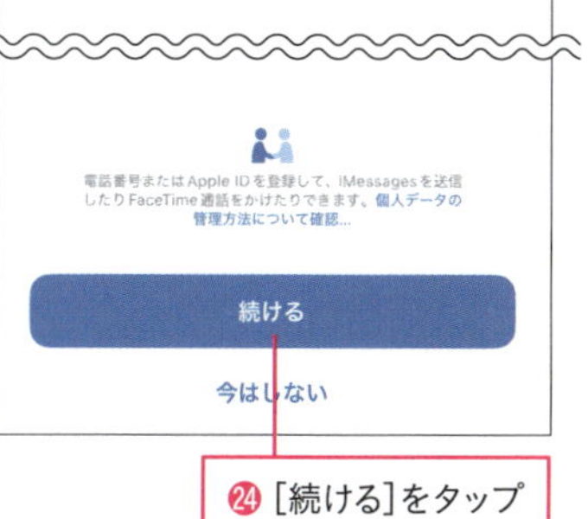


電話番号または Apple ID を登録して、iMessages を送信したり FaceTime 通話をかけたりできます。個人データの管理方法について確認...

続ける

今はしない

㉔［続ける］をタップ

ここでは位置情報サービスをオンにする

位置情報サービス

"位置情報サービス"により、"マップ"などのアプリや"探す"などのサービスが、ユーザの場所を示すデータを収集して利用できるようになります。

位置情報サービスとプライバシーについて...

位置情報サービスをオンにする

あとで設定

㉕［位置情報サービスをオンにする］をタップ

次のページに続く

［スクリーンタイム］の画面が表示された

スクリーンタイム

㉖［続ける］をタップ

iPhone解析

iPhoneの使用状況データの解析を可能にすることで、Appleの製品およびサービスの向上にご協力いただけます。これはあとから "設定" で変更できます。

㉗［Appleと共有］をタップ

アプリ解析

アプリアクティビティやクラッシュデータをApple経由でアプリデベロッパと共有することを選択することでアプリの品質向上にご協力いただけます。こ

㉘［アプリデベロッパと共有］をタップ

ライトまたは
ダークの画面表示

外観モードでライトま…を選択してiPhoneが…調整されるかを確認し…

ここでは変更せずに操作を進める

9:41　9:41　9:41

ライト　ダーク　自動

続ける

㉙［続ける］をタップ

［アクションボタン］の画面が表示された

㉚［今はしない］をタップ

**スクリーンタイムで何ができるの？**

手順26の画面に表示されている「スクリーンタイム」は、iPhoneを**操作した時間の情報を確認したり、操作可能な時間を制限できる機能**です。iPhoneを使わない時間を設定したり、どのアプリをどれくらい使ったのかなども確認することができます。

ここでは設定せずに操作を進める

Siri

Siriは話しかけるだけでやりたいことを手伝ってくれます。また、アプリやキーボードを使用している際には、話しかけなくてもSiriが提案を出してくれたりします。

続ける

あとで"設定"でセットアップ

㉛[あとで"設定"でセットアップ]をタップ

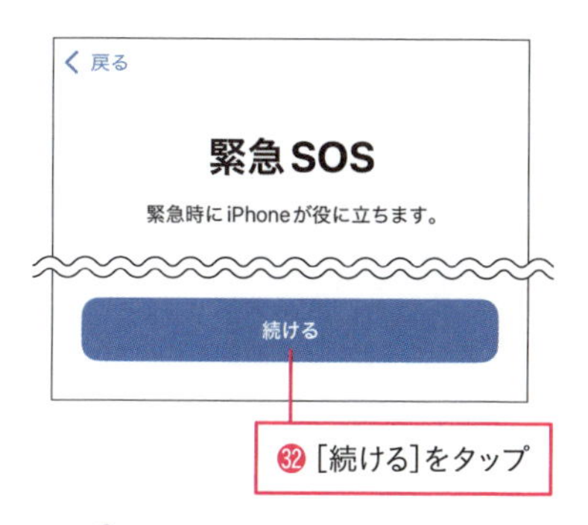


㉜[続ける]をタップ

㉝画面下端から上にスワイプ

ホーム画面が表示される

Point

## 「iPhoneの設定を完了する」と表示されたときは

iPhoneの初期設定の完了後、[設定]の画面で右のように、[iPhoneの設定を完了する]という項目に数字のバッジが表示されることがあります。これはApple AccountやSiriなど、設定が完了していない項目があるためです。[設定]の画面で[iPhoneの設定を完了する]-[設定を完了してください]の順にタップし、**それぞれの項目について、設定すれば、バッジの表示は消えます。**

残りの設定があることを示すバッジが表示されている

# 096 以前のiPhoneから簡単に移行するには

## クイックスタート

以前のiPhoneから新しいiPhoneに機種変更したときは、「クイックスタート」という機能を使って、今まで使ってきたiPhoneの内容を簡単に引き継いで、新しいiPhoneで使うことができます。クイックスタートでは各種データや設定を簡単にコピーできます。



### 新しいiPhoneの操作

**ワザ098**を参考に、新しいiPhoneを初期状態に戻しておく

**ワザ099**を参考に、以前のiPhoneを最新のiOSにアップデートしておく

**ワザ025、ワザ094**を参考に、以前のiPhoneでデータをバックアップしておく

**ワザ095**を参考に、操作を進め、[クイックスタート]の画面を表示しておく

初期設定時、iOSが自動的にアップデートされることがある

### 古いiPhoneの操作

以前のiPhoneで、[新しいiPhoneを設定]の画面が表示された

以前のiPhoneのバックアップに使用しているApple Accountが表示された

データ転送時に、新しいiPhoneのアップデートが実行されることがある

## 古いiPhoneの操作

新しいiPhoneにアニメーションが表示された

❸以前のiPhoneのカメラを新しいiPhoneのアニメーションに向ける

カメラがアニメーションをすぐに読み取る

ここでは自分用のiPhoneとして設定する

❹[新しいiPhoneを設定]の画面で[自分用に設定]をタップ

### Point クイックスタートでは何が引き継がれるの？

クイックスタートで新しいiPhoneを設定すると、**以前のiPhoneに設定されていた言語や地域、Wi-Fiネットワーク、キーボード、Siriへの話しかけ方などの情報**が引き継がれます。クイックスタートを使わずに、**ワザ096**を参考に、iCloudやiTunesのバックアップから復元することもできます。

## 新しいiPhoneの操作

❺以前のiPhoneのパスコードを入力

❻["（以前のiPhoneの名前）"からデータを転送]の画面で[続ける]をタップ

[新しいiPhoneに設定を移行]の画面が表示された

く 戻る

**"dekir の iPhone"からデータを転送**

"dekir の iPhone" から移行する場合、すべてのデータと設定を直接この iPhone に転送できます。

転送が完了するまで、もう一方の iPhone を近くに置いて電源に接続しておいてください。

予測転送時間: 5-10 分

続ける

その他のオプション

❼[続ける]をタップ

**ワザ095**を参考に、操作を進め、初期設定を完了する

以前のiPhoneに[転送が完了しました]と表示されたら、[続ける]をタップする

# 097 以前のiPhoneのバックアップから移行するには

## アプリとデータを転送

ワザ096のクイックスタートを使わないときは、今まで使ってきたiPhoneの内容をバックアップして、引き継ぐことができます。バックアップからの復元には、iCloudから復元する方法とパソコンのiTunesなどから復元する方法があります。



### iCloudのバックアップからの復元

ワザ025、ワザ094を参考に、以前のiPhoneのデータをバックアップしておく

ワザ098を参考に、新しいiPhoneを初期状態に戻しておく

ワザ095を参考に、操作を進め、[アプリとデータを転送]の画面を表示しておく

❶[iCloudバックアップから]をタップ

以前のiPhoneで使っていたApple Accountでサインインする

❷Apple Accountを入力

❸キーボードの[continue]をタップ

**Point**

### iCloudバックアップの復元は制限がある

iCloudのバックアップは、パソコンで音楽CDから取り込んだ楽曲などが復元されません。WindowsのiTunesやMacのミュージックアプリで、転送し直しましょう。

❹パスワードを入力

❺キーボードの［continue］をタップ

❻利用規約を確認

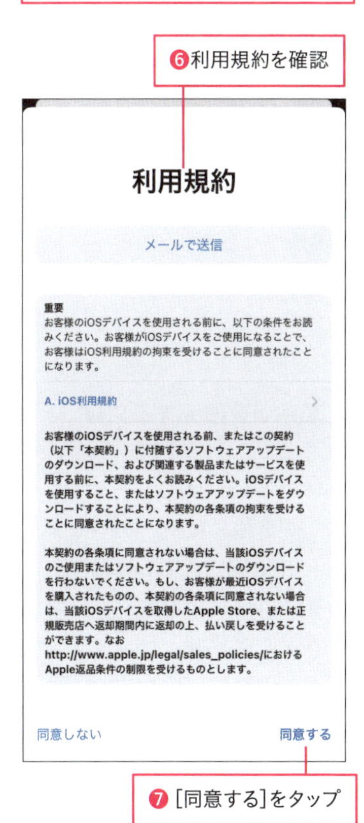


❼［同意する］をタップ

パスコードの入力画面が表示されたときは、以前のiPhoneで設定したパスコードを入力する

［すべてのバックアップを表示］をタップしておく

❽復元するバックアップをタップ

［新しいiPhoneに設定を移行］の画面が表示された

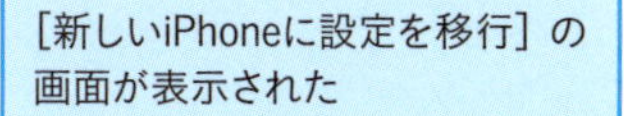

❾［続ける］をタップ

**ワザ095**を参考に、操作を進め、初期設定を完了する

復元が開始されるので、完了するまで、しばらく待つ

次のページに続く

## パソコンのバックアップからの復元

これまでWindowsにインストールされたiTunesやMacでバックアップをしていたときは、226ページの手順17で［MacまたはPCから］を選び、パソコンやMacに新しいiPhoneを接続すると、復元できます。

新しいiPhoneとパソコンを接続しておく

❶ここをクリックして、復元するバックアップを選択

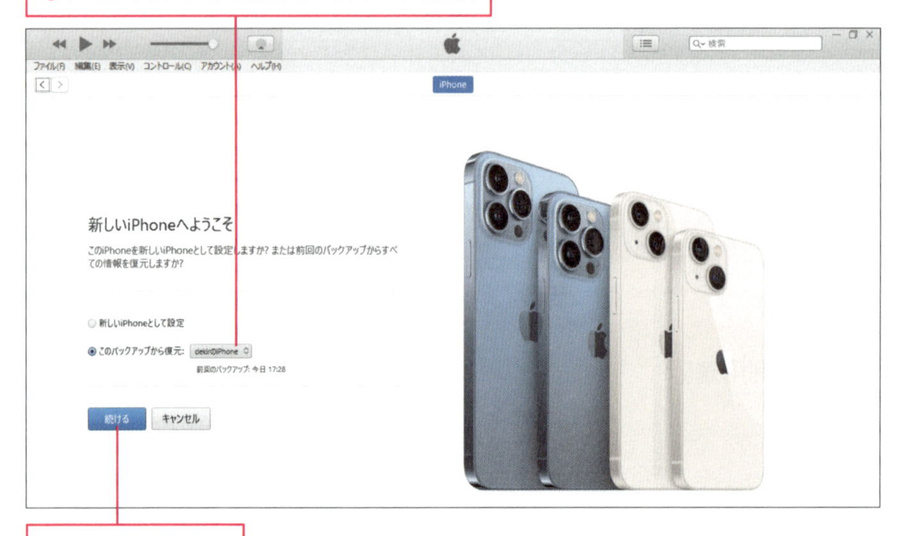


❷［続ける］をクリック

復元が完了するまで、しばらく待つ

### バックアップからの復元では引き継がれないものもある

iCloudやパソコンからのバックアップから復元すると、これまで使ってきたiPhoneの内容が新しいiPhoneにそのまま復元されますが、**一部のアプリは再ログインや再設定が必要**になります。復元後、それぞれのアプリを起動して、動作することを確認しましょう。

### Suicaを復元するには

**ワザ094の「iPhoneから移行するときの流れ」の準備に従い、［ウォレット］でSuicaを削除したときは、パソコンやiCloudのバックアップから新しいiPhoneに復元後、［ウォレット］アプリを起動し、右上の［+］をタップします。［**以前ご利用のカード**］を選ぶと、以前のiPhoneで利用していたSuicaが表示されるので、タップします。iPhoneのパスコードなどを入力すると、Suicaが復元され、残高も表示されます。**

# 098 iPhoneを初期状態に戻すには

## リセット



iPhoneを譲渡したり、売却するとき、あるいは修理に出すときは、iPhoneを初期状態に戻す必要があります。iCloudやパソコンにバックアップを取った後、保存されたデータや設定、個人情報などを一括で消去して、初期状態に戻しましょう。

次ページのPointを参考に、[iPhoneを探す]をオフに設定しておく

ワザ023を参考に、[設定]の画面を表示し、[一般]をタップしておく

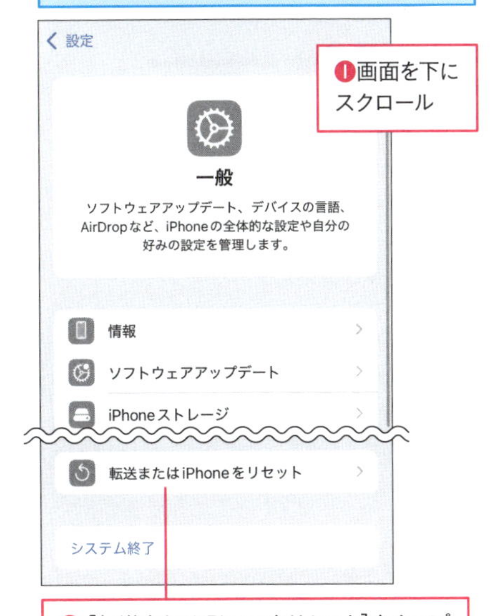


❶画面を下にスクロール

❷[転送またはiPhoneをリセット]をタップ

[転送またはiPhoneをリセット]の画面が表示された

[リセット] をタップすると、ネットワークやキーボードの設定をリセットできる

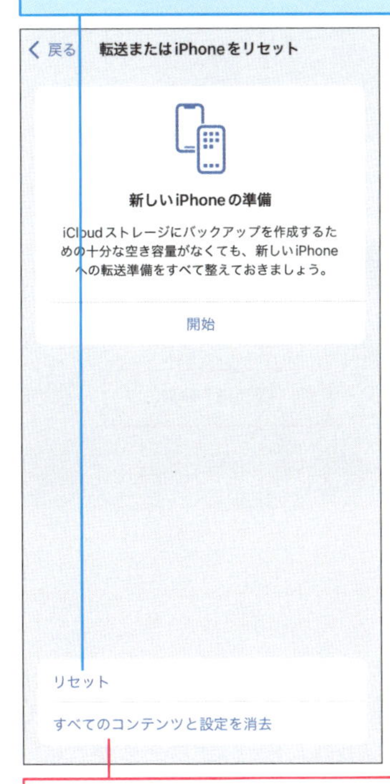


❸[すべてのコンテンツと設定を消去]をタップ

### Apple Accountをサインアウトする

iPhoneを譲渡したり、売却するときは、次のページで説明する「iPhoneを探す」をオフにした後、[設定]アプリでApple Accountをサインアウトしておきましょう。

次のページに続く

［このiPhoneを消去］の画面が表示された

消去される内容が表示された

❹［続ける］をタップ

❺［iPhoneを消去］をタップ

iPhoneのパスコードを求められたらパスコードを入力する

［Apple Accountパスワード］の画面が表示されたときは、Apple Accountのパスワード入力すると、［iPhoneを探す］とアクティベーションロックがオフになる

iCloudバックアップの確認画面が表示されたときは、［アップロードを完了して消去］をタップする

**リセット前に必ず［iPhoneを探す］をオフにする**

iPhoneを初期状態に戻すには、［iPhoneを探す］をオフにします。［設定］の画面でユーザー名を選び、［探す］の画面を表示して、［iPhoneを探す］をオフに切り替えます。**切り替えには、Apple Accountのパスワードの入力が必要**です。オフにできないときは［設定］の画面の［Face IDとパスコード］の［盗難デバイスの保護］をオフに切り替えます。［iPhoneを探す］がオンのままで初期化をはじめたときも途中でApple Accountとパスワードの入力で、オフにできます。

# 099 iPhoneを最新の状態に更新するには

## ソフトウェアアップデート

iPhoneに搭載されている基本ソフト「iOS」は、発売後も新機能の追加や不具合の修正などで、アップデート（更新）されます。自動アップデートの機能が有効か、iOSが最新のものに更新されているかを確認しましょう。

iPhoneを同梱のケーブルなどで電源か、パソコンに接続しておく

**ワザ023**を参考に、Wi-Fi（無線LAN）に接続しておく

**ワザ098**を参考に、［設定］の画面を表示しておく

❶［ソフトウェアアップデート］をタップ

❷［自動アップデート］が「オン」になっていることを確認

「オフ」と表示されているときは、タップしてオンにしておく

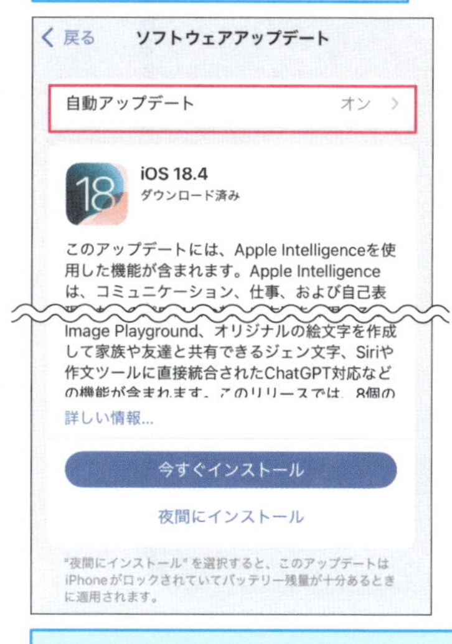


［今すぐインストール］と表示されているときは、タップすると手動でアップデートを実行できる

**Point**

### 自動アップデートが実行されないときは

iOSの自動アップデートは、実行する前に通知が表示され、夜間に自動的に実行されるため、日中は自動的に更新されないことがあります。また、自動アップデートはiPhoneが充電器に接続され、Wi-Fiで接続されているときに実行されるため、それ以外のときは、手動でアップデートを実行する必要があります。

# 100 iPhoneが動かなくなってしまったら

**再起動**

iPhoneで特定のアプリが起動しなかったり、画面をタップしても反応がないなど、正常に動作しないときは、一度、電源を切って、入れ直します。それでも動作しないときは、強制的に再起動（リスタート）させてみましょう。

❶音量を上げるボタンを押し、すぐに離す

❷音量を下げるボタンを押し、すぐに離す

❸サイドボタンを押し続ける

［スライドで電源オフ］と表示されるが、サイドボタンを押し続ける

❹アップルのマークが表示されたら、サイドボタンを離す

iPhoneが起動する

**iPhoneが不調のときは**

特定のアプリが操作できないときは、23ページのPointを参考に、アプリの強制終了をします。

**iPhoneが壊れたときはどうしたらいいの？**

iPhoneを壊してしまったり、正常に動作しなくなったときは、iPhoneを購入した各携帯電話会社のショップやサポート窓口、Appleのサポートに連絡してみましょう。修理が必要なときは、Apple Storeや正規サービスプロバイダに加え、各携帯電話会社の一部のショップでも取り次ぎを受け付けています。修理では代替機が用意されないことがありますが、購入時に各携帯電話会社の補償サービス（ワザ027）に加入していれば、交換用端末を自宅に届けてくれるサービスもあります。

# 101 iPhoneを紛失してしまったら

## iPhoneを探す

iPhoneを紛失したときは、iCloudの［探す］で探すことができます。iPhoneのiCloudの設定で［探す］がオンになっていれば、パソコンのブラウザーでiCloudのWebページから探すことができます。

### ［探す］の設定の確認

**ワザ025**を参考に、［Apple Account］の画面を表示しておく

［探す］をタップ

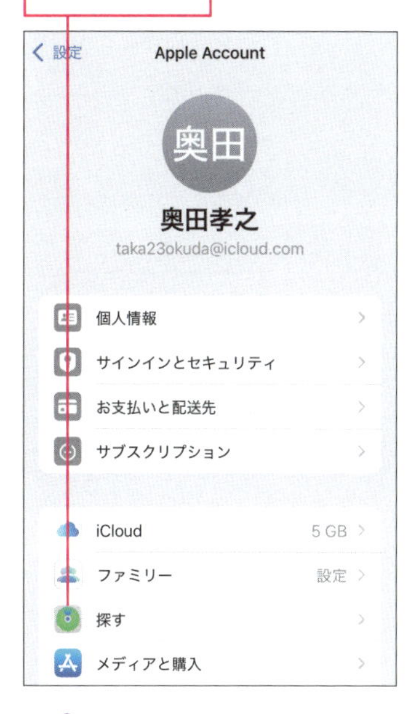


［iPhoneを探す］のここをタップすると、オン/オフを切り替えられる

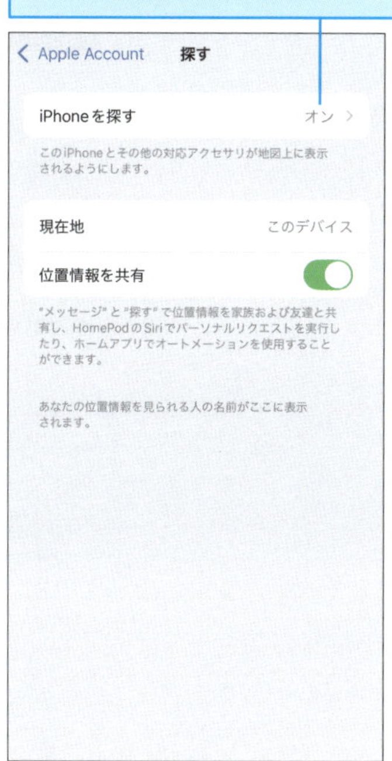

**iPhoneの紛失に備えよう**

iPhoneを紛失したり、盗まれたとき、第三者に不正に使われないように、**ワザ082**のパスコードや**ワザ083**のFace IDを設定しておきましょう。また、**ワザ094**を参考に、バックアップを取っておくと、新しいiPhoneに買い換えたときもすぐに以前のデータを復元できるので、安心です。

次のページに続く

## パソコンを利用したiPhoneの検索

前ページの手順を参考に、iPhoneの[iPhoneを探す]をオンにしておく

Apple Accountでサインイン
メールまたは電話番号
taka23okuda@icloud.com
パスワード
❻パスワードを入力
❼ Enter キーを押す
サインインしたままにする
パスワードをお忘れですか？
Apple Accountを作成
[2ファクタ認証]の画面が表示された
2ファクタ認証はせずに、iPhoneの位置検索を開始する
2ファクタ認証
Appleデバイスへ送信された確認コードを入力してください。
コードをデバイスへ再送信します
デバイスにアクセスできない場合
❽[デバイスを探す]をクリック
デバイスを探す
デバイスの管理
https://www.icloud.com/find/
iCloud デバイスを探す
すべてのデバイス
あなたのデバイス
dekiroのiPhone
iPhoneの電源が入っていて、圏外でなければ、地図上に表示される
遠隔操作のメニューを表示する
❾自分のiPhoneの名前をクリック

次のページに続く

遠隔操作のメニューが表示されるので、Pointを参考に操作を選択する

[サウンド再生]をクリックすると、iPhoneから音が鳴るので、近くにあれば場所が分かる

[紛失したiPhone]をクリックすると、iPhoneが操作できないようになり、画面に紛失したことを知らせるメッセージが表示される

iPhoneがある場所に円やアイコンが表示される

[消去]をクリックすると、iPhoneに保存されたデータが削除される

[解除]をクリックすると、[デバイスを探す]で探す端末のリストから除外される

### 遠隔操作でiPhoneのデータを消去できる

iPhoneにはさまざまなデータが保存されています。もし、iPhoneを紛失したり、盗まれたりしたときは、このワザで解説したように、iCloudから探すことができます。上の画面のように、「サウンド再生」や「紛失モード」の操作ができます。万が一の場合、保存されているデータの悪用を防ぐため、遠隔操作でiPhoneのデータを消去する「消去」も実行できます。ただし、これらの機能はiPhoneの位置情報サービスがオフになっていると、利用できません。また、iPhoneの電源がオフになっているときは、サウンド再生や紛失モードなどもすぐに実行されず、次回、iPhoneの電源がオンになったときに実行されます。

# 102 Apple Accountのパスワードを忘れたときは

### パスワードの変更

Apple Accountのパスワードがわからなくなったときは、この手順でパスワードを再設定することができます。パスワードを再設定するには、Apple Accountに登録したメールアドレスが必要になります。

ワザ025を参考に、[Apple Account]の画面を表示し、[サインインとセキュリティ]をタップする

ワザ082を参考に、パスコードを設定しておく

❶ [パスワードの変更]をタップ

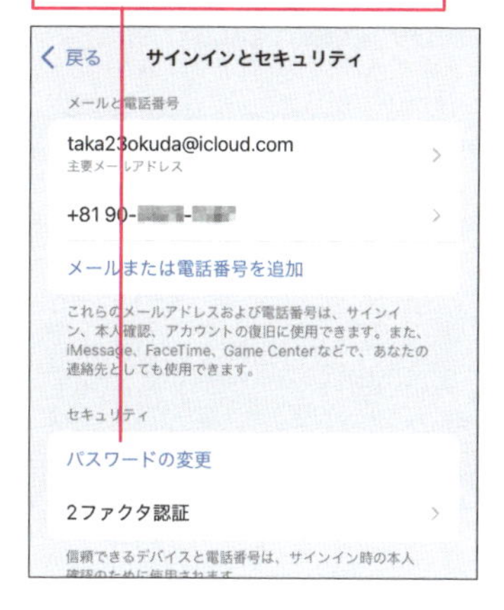


パスコードの入力画面が表示された

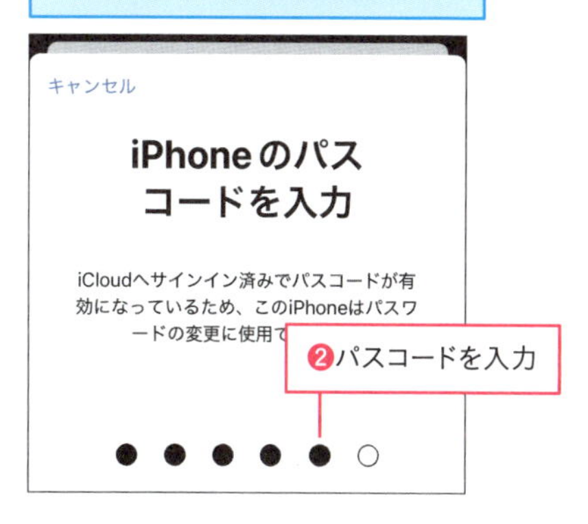


❷パスコードを入力

[新しいパスワード]の画面が表示された

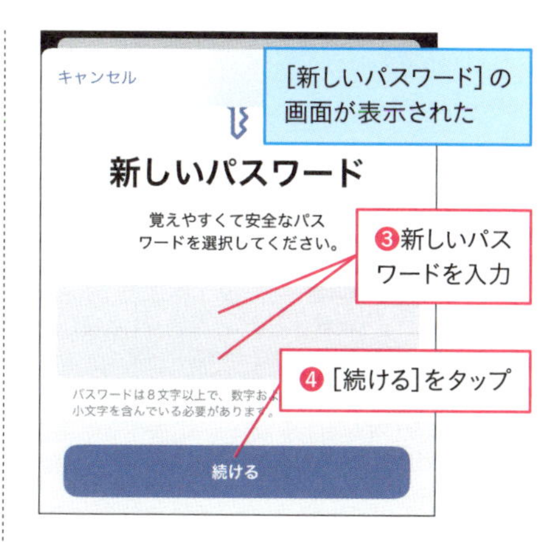


❸新しいパスワードを入力

❹ [続ける]をタップ

**Point**

### 「信頼できる電話番号」を確認しておこう

「Apple Accountを管理」のWebページ(https://account.apple.com/)でパスワードを再設定できます。本人確認には手順1の画面の「信頼できる電話番号」を利用します。[信頼できる電話番号]の[編集]をタップして、自分が利用できるほかの携帯電話や自宅の電話番号を追加しておけば、すぐにパスワードの再設定ができます。ただし、登録した電話番号に応答できる人なら、誰でもパスワードを再設定できるので、会社などの電話番号は設定しないようにしましょう。

# 103 iPhoneの空き容量を確認するには

iPhoneストレージ

iPhone 16eはアプリや写真、映像などを保存できる本体のストレージ容量として、128/256/512GBの3つのモデルがあります。空き容量が少なくなると、写真などが保存できなくなるので、空き容量がどれくらいなのかを確認してみましょう。



ワザ098を参考に、[一般]の画面を表示しておく

[iPhoneストレージ]をタップ

## 空き容量が足りないときは

本体の空き容量が少なくなると、アプリのインストールやiOSのアップデートができなくなります。空き容量が残り少ないときは、不要なアプリや写真、ビデオなどを削除するか、iCloudなどに保存するようにしましょう。

## iCloudの容量を確認するには

iCloudにはiPhoneのバックアップや写真などに加え、同じApple Accountを設定したiPadやMacなどのデータも保存されます。iCloudは**最大5GBまで無料で利用**でき、残り容量は［設定］の［iCloud］の画面で確認できます。5GB以上を使いたいときは、［ストレージプランの変更］で有料サービスのiCloud+を申し込みます。iCloud+はストレージが**月額150円で50GB**まで、**月額450円で200GB**、**月額1,500円で2TB**まで使えます。iCloud+の50GBに、Apple MusicやApple TV+などを組み合わせた「Apple One」（月額1,200円）も利用できます。

ワザ025を参考に、［iCloud］の画面を表示しておく

iCloudの残り容量が表示されている

［iCloud+にアップグレード］をタップ

iCloud+の説明画面が表示された

［iCloud+にアップグレード］をタップすると、アップグレードできる

# 104 携帯電話会社との契約内容を確認するには

**契約内容の確認**

iPhoneを利用している携帯電話会社やMVNO各社では、料金プランの変更やオプションサービスの申し込みなどができる契約者向けページを用意しています。契約者ページは「Safari」で確認できるほか、アプリも利用できます。

## 「My docomo」を利用しよう

「My docomo」はNTTドコモを利用するユーザーのためのサポートサイトです。月々の利用料金やデータ量の確認をはじめ、料金プランの変更、オプションサービスの申し込みなどを24時間いつでも受け付けています。待ち時間もなく、すぐに手続きができます。「My docomo」にはdアカウントでログインできますが、あらかじめ[dアカウント設定]アプリをiPhoneにインストールして、dアカウントを利用できるように設定しておきます。「My docomo」はWebページとアプリの両方で利用できます。

ワザ055を参考に、[My docomo]をインストールしておく

**My docomo**

### ブックマークからもアクセスできる

iPhoneをNTTドコモで利用しているときは、[Safari]のブックマークから「お客様サポート」を選ぶと、すぐに「My docomo」のページが表示されます。Wi-Fiをオフにした状態でアクセスすると、dアカウントの認証がスムーズです。ahamoを契約している場合でも「My docomo」が利用できますが、詳しい内容は[ahamo]アプリやWebページで確認します。

## 「My au」を利用しよう

auの契約内容や利用状況は、サポートサイトの「My au」で確認できます。月々の利用料金やデータ利用量の確認、料金プランの変更、オプションサービスの申し込みなどを24時間いつでも受け付けています。「My au」はWebページのほか、アプリも提供されているので、App Storeからダウンロードして、インストールしておきます。利用にはau IDが必要です。UQ mobileでは「My UQ mobile」を利用します。

ワザ055を参考に、[My au]をインストールしておく

**My au**

### Point My auにはブックマークからもアクセスできる

iPhoneをauで利用しているときは、ブックマークから「auサポート」を選び、表示されたページで左上のメニューから[My au]をタップすると、au IDでログイン後、「My au」のWebページが表示されます。Wi-Fiをオフにした状態でアクセスすると、au IDの認証がスムーズです。

### Point UQ mobileは「My UQ mobile」で確認

UQ mobileの契約内容は、「My UQ mobile」のWebページに、au IDでログインすると、確認できます。[My UQ mobile]アプリの「マイページ」でも表示できます。

次のページに続く

## My SoftBankを利用しよう

「My SoftBank」はソフトバンクを利用するユーザーのためのメニューです。月々の利用料金やデータ通信量の確認をはじめ、料金プランの変更、オプションサービスの申し込みなどを24時間いつでも受け付けていて、手続きに待ち時間もありません。「My SoftBank」はアプリが提供されているので、App Storeからダウンロードし、インストールします。利用には携帯電話番号とパスワードが必要です。パスワードはiPhoneで「My SoftBank」のWebページを表示し、「パスワードをお忘れの方」をタップし、4桁の暗証番号を入力すると、SMSで送信されてきます。



**ワザ055**を参考に、App Storeから[My SoftBank]をインストールしておく

**My SoftBank**

### My SoftBankにはブックマークからアクセスできる

My SoftBankはアプリだけでなく、[Safari]のブックマークから「My SoftBank」を選ぶと、MySoftBankのWebページが表示できます。Wi-Fiをオフにした状態でアクセスすると、スムーズに認証されます。

### ワイモバイルは「My Y!mobile」で確認

ワイモバイルの契約内容は「My Y!mobile」のWebページで確認できます。ワイモバイルの初期登録時に設定される「My Y!mobile」のショートカットからもアクセスできます。契約内容は「My SoftBank」のアプリでも確認できます。

## my 楽天モバイルを利用しよう

「my 楽天モバイル」は楽天モバイルを利用するユーザーのためのメニューです。月々の利用料金やデータ利用量の確認をはじめ、料金プランの変更、オプションサービスの申し込みなどを24時間いつでも受け付けていて、手続きに待ち時間もありません。「my 楽天モバイル」はアプリが提供されているので、App Storeからダウンロードして、インストールしておきましょう。アプリを起動し、楽天IDとパスワードを入力してログインすると、「my楽天モバイル」が利用できるようになります。

**ワザ055**を参考に、App Storeから［My楽天モバイル］をインストールしておく

### my 楽天モバイル

### Point ブックマークからもアクセスできる

「my 楽天モバイル」はWebページからもアクセスできます。［Safari］のブックマークから「my 楽天モバイル」を選び、楽天IDとパスワードを入力してログインすると、表示されます。

### Point ［Rakuten Link］アプリもインストールしておこう

楽天モバイルでは音声通話やメッセージのやり取りをするための［Rakuten Link］というアプリを提供しています。国内通話を無料で利用するために必要になるので、App Storeからダウンロードして、インストールしておきましょう。

# 105 毎月のデータ通信量を確認するには

## データ通信量の確認

各携帯電話会社では契約した料金プランによって、その月に利用できるデータ通信量が決まっています。各社のアプリを使い、その月にどれくらいのデータ通信量が利用したのかを確認してみましょう。

### NTTドコモでデータ通信量を確認するには

ワザ055を参考に、[My docomo] アプリをインストールし、起動しておく

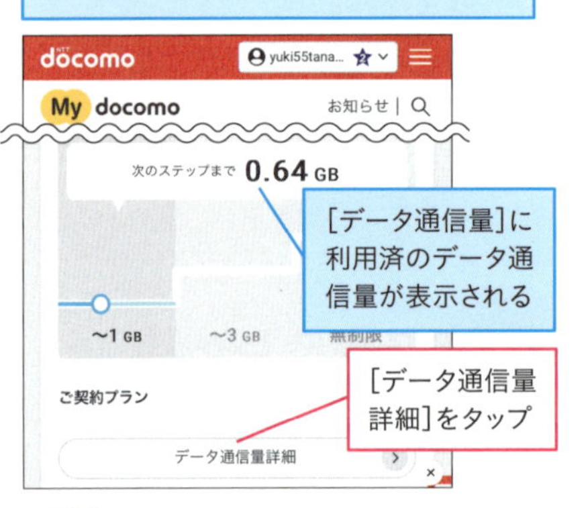


画面を上にスワイプすると、直近3日間のデータ通信量をグラフで確認できる

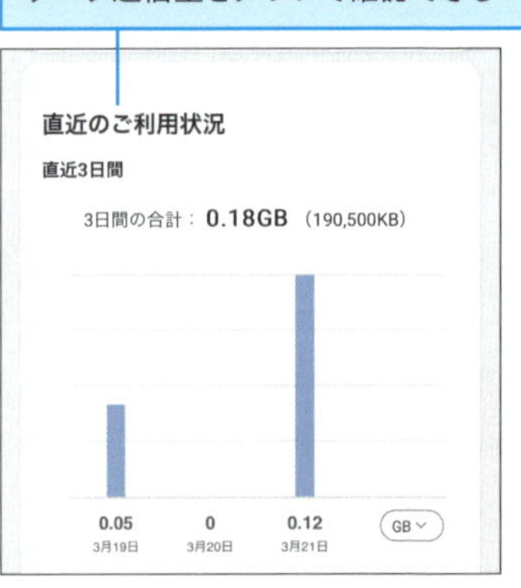

### ahamoやirumoでデータ通信量を確認するには

「ahamo」と「irumo」を契約しているときは、[My docomo] で毎月のデータ通信量などを確認できますが、一部の項目が制限されています。「ahamo」と「irumo」の専用アプリやWebページで確認しましょう。

▼ahamo (アハモ)

▼irumo (イルモ)

## auでデータ通信量を確認するには

ワザ055を参考に、[My au] アプリをインストールし、起動しておく

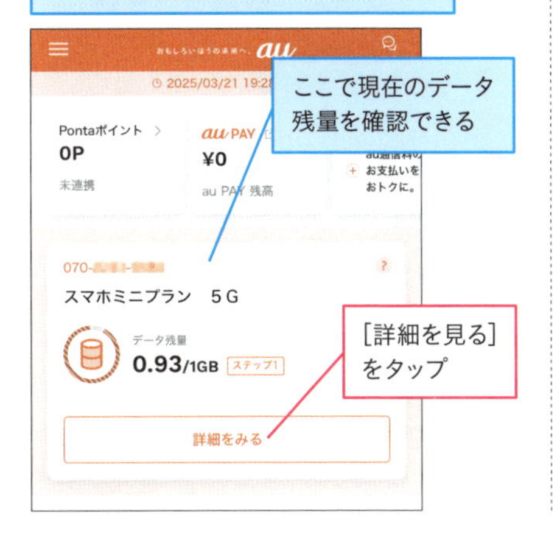


データ残量の詳細が表示された

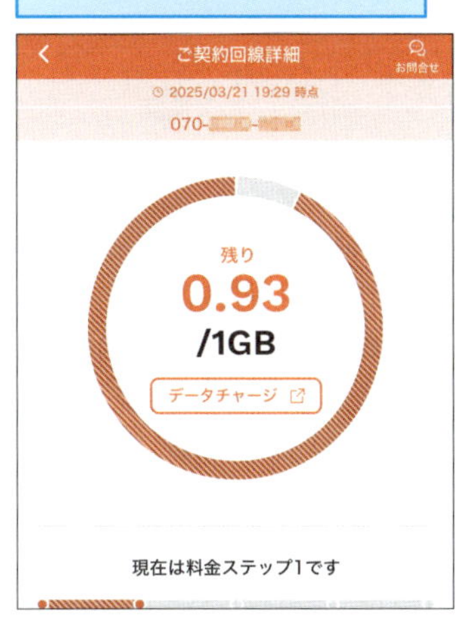

### UQ mobileでデータ通信量を確認するには

UQ mobileでは「My UQ mobile」のWebページにau IDとパスワードでログインすると、毎月のデータ通信量などを確認できます。[My UD mobile]のアプリを設定すれば、毎回のログイン操作をせずに確認できます。

▼My UQ mobile
https://www.uqwimax.jp/mobile/support/member/

▼My UQ mobile
データ残量や請求金額が確認できるUQ mobile公式アプリ

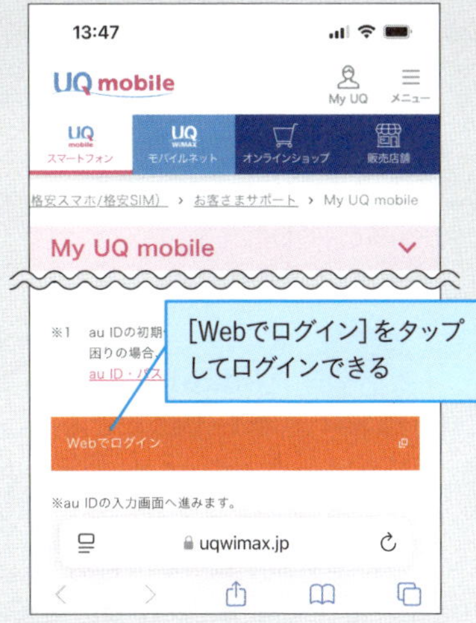

次のページに続く

## ソフトバンクでデータ通信量を確認するには

ワザ055を参考に、[My SoftBank] アプリをインストールし、起動しておく

[データ通信量]で現在の利用量を確認できる

### Point ワイモバイルでデータ通信量を確認するには

ワイモバイルはWi-Fiをオフにして、「ご契約者さま向け」のWebページから「My Y!mobile」にログインして、確認します。ソフトバンクと同じように、[My SoftBank] のアプリをインストールして、確認することもできます。

▼ご契約者さま向け | サポート
https://www.ymobile.jp/support/online/login/

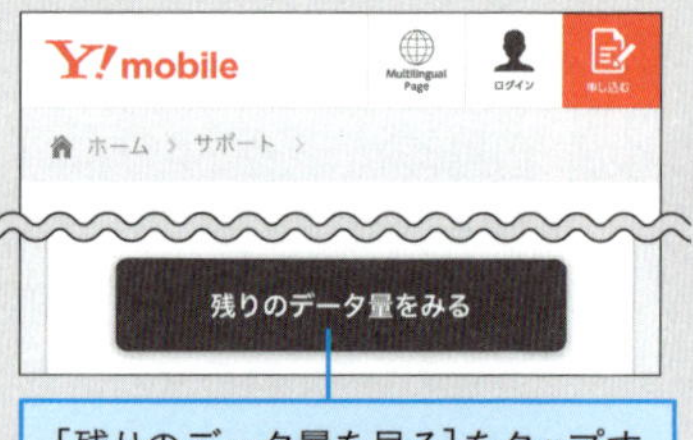


[残りのデータ量を見る]をタップすると、データ使用量を確認できる

## 楽天モバイルでデータ通信量を確認するには

ワザ055を参考に、[my 楽天モバイル] アプリをインストールし、起動しておく

[データ利用量] に利用済のデータ通信量が表示される

### Point [Rakuten Link] アプリでも確認できる

楽天モバイルは [my 楽天モバイル] のアプリでデータ通信量を確認できますが、通話アプリの [Rakuten Link] の [ホーム] でも確認できます。

# 索引

## 記号



## アルファベット



## あ



## か



## さ

## た



## な・は



## ま



## ら



## わ

■著者

法林岳之（ほうりん たかゆき）

1963年神奈川県出身。携帯電話とパソコンの解説記事や製品試用レポートなどを執筆。「ケータイWatch」で連載するほか、「法林岳之のケータイしようぜ !! 」も配信中。主な著書に『できるWindows 11 2024年改訂3版 Copilot対応』『できるゼロからはじめるスマホ超入門 Android対応 最新版』（共著、インプレス）などがある。

石川 温（いしかわ つつむ）

月刊誌「日経トレンディ」編集記者を経て、2003年にジャーナリストとして独立。携帯電話を中心に国内外のモバイル業界を取材し、一般誌や専門誌、女性誌などで幅広く執筆。日経新聞電子版「モバイルの達人」を連載中。

白根雅彦（しらね まさひこ）

1976年東京都出身。「ケータイ Watch」の編集スタッフを経て、フリーライターとして独立。雑誌やWeb媒体で、製品レビューから取材まで、幅広く記事を執筆する。

STAFF

| | |
|---|---|
| カバーデザイン | 伊藤忠インタラクティブ株式会社 |
| カバーイラスト | 米山夏子 |
| 本文デザイン | クニメディア株式会社 |
| カバー／本文撮影 | 加藤丈博 |
| 本文イラスト | 町田有美・松原ふみこ |
| モデル | るぴぃ（所属：ボンボンファミン・プロダクション） |
| DTP 制作 | 田中麻衣子 |
| デザイン制作室 | 今津幸弘 |
| | 鈴木　薫 |
| 制作担当デスク | 柏倉真理子 |
| 編集 | 小野孝行 |
| 編集長 | 藤井貴志 |

■商品に関する問い合わせ先
このたびは弊社商品をご購入いただきありがとうございます。本書の内容などに関するお問い合わせは、下記のURLまたは二次元バーコードにある問い合わせフォームからお送りください。

https://book.impress.co.jp/info/

上記フォームがご利用いただけない場合のメールでの問い合わせ先
info@impress.co.jp
※お問い合わせの際は、書名、ISBN、お名前、お電話番号、メールアドレスに加えて、「該当するページ」と「具体的なご質問内容」「お使いの動作環境」を必ずご明記ください。なお、本書の範囲を超えるご質問にはお答えできないのでご了承ください。

●電話やFAXでのご質問には対応しておりません。また、封書でのお問い合わせは回答までに日数をいただく場合があります。あらかじめご了承ください。
●インプレスブックスの本書情報ページ https://book.impress.co.jp/books/1124101154 では、本書のサポート情報や正誤表・訂正情報などを提供しています。あわせてご確認ください。
●本書の奥付に記載されている初版発行日から1年が経過した場合、もしくは本書で紹介している製品やサービスについて提供会社によるサポートが終了した場合はご質問にお答えできない場合があります。

■落丁・乱丁本などの問い合わせ先
FAX　03-6837-5023
service@impress.co.jp
※古書店で購入された商品はお取り替えできません。


できるfit
ずっと使えるiPhone 16e

2025年5月1日　初版発行

著　者　法林岳之・石川温・白根雅彦&できるシリーズ編集部
発行人　高橋隆志
編集人　藤井貴志
発行所　株式会社インプレス
〒101-0051　東京都千代田区神田神保町一丁目105番地
ホームページ　https://book.impress.co.jp/





印刷所　株式会社 広済堂ネクスト
ISBN978-4-295-02157-5 C3055

Printed in Japan